我会走得很远，

远过那些山丘，远过这些大海，

直到靠近星星，成为星星。

有棱有角，在黑暗中闪闪发光。

世界或满目琳琅，或黯然无色，

可我永远是逆着风奔跑的星光。

治愈之书

万特特 著

中国妇女出版社

这世界没有人是一座孤岛，

那些冬天为你搓手、夏天为你扇风、深夜为你留灯的人，

都在用力地证明，你是值得被爱的。

比容貌更重要的东西，

是拥有自己的风格和辨识度。

这就是为什么，那个人没你好看，但桃花运比你旺。

如果真的要回忆，

那就在回忆里找教训和经验吧。

人不可能每一步都正确，

走错路、爱错人、做错事都没关系。

不必回头看，也不要批判那时候的自己，

就算重来一遍，以当时的心智和阅历，

还是会做出差不多的选择。

你要做一个洒脱的少女，

在接受了人间的烟熏火燎后，

依然保持自己的秉性。

不动声色地打理好自己，

花谢了，要修剪好枝叶；

叶落了，要保持枝干的骨感。

花不是为花店而开，

人有各自的月亮。

前言

变好这件事，永远是正在进行时

“有时候我也不明白，入行十年，顶着从未被人看好的状态，如何一直奔跑到了现在，且跑得还算稳当。”

编辑说：“哇，十年了，出个纪念册吧！”

“普通女孩的十年有什么好看的。”

“反而是普通人的成长之路，才有参考价值。”

我承认她的话打动了我，于是有了这本《治愈之书》。

这几年深刻地感觉到自己“开窍”了，于是开始忙着“重启人生”。

具体表现在，可以真正掌控的事一点一点变多：从坚定热爱自己的工作，建立舒适的朋友圈，到从不适合的社交中抽离，再到构建平衡的生活节奏。

这些生活板块由点连成线再构成面，如今我脑中有了关于自己清晰的画面。

在这个过程里，我意识到主动和行动，是人生越变越好的奥义。

它们意味着一个人的脑子开始转了，对自己的生活有改变与掌控的欲望，想推动身边的人、事、物往自己想的方向走。

境随心转。

当你把自己的状态调到“主动”这一挡的时候，你会对周遭事物有更多抑制不住的关注与好奇心。抓住每一个稍纵即逝的念头——想到了就立刻执行，决定了就马上出发，然后不停发现人生新的故事和可能。保持积极互动与发掘的状态，专注自己脚下的每一步和下一步，没有焦虑、纠结和怯懦。

这样的你，是可以四两拨千斤，打好手头的牌，扭转结局的。

我一直相信，人可以通过自己的意愿与付出过上想要的一生。

你的行动决定了世界回应你的方式。主动向宇宙发射信号，你所有隐秘的期待都会成真。你的宇宙爱你，是你爱自己的 1000 倍、10000 倍，它无条件地宠你。这一生你取悦自己所需要的一切，它都早早为你准备好了。

请你随时随地提升能量，想要什么，就直接大胆要。成长是一场冒险，主动的人，会先得到奖励。

每当有小女孩给我留言关于成长的问题，比如“感觉自己十分的努力都赶不上别人用力一分，沮丧”“同学们毕业后都发展得很好，我很自卑”，又或者“根本看不到未来”时，我其实想说，大部分的人都不是踩着红毯长大的，你所能感知的一切失落，都是不可避免的。

我不喜欢这几年流行的“摆烂”这个词。人一旦堕落，哪怕只是短暂的几年，上天就会以最快的速度，收走你的天赋与力量。

不希望你停下来，瘫在泥泞里什么都不做，你应该爬起来，一步步往前走，抓住每一个灵感，突破每一种可能，哪怕一路趔趄。

还有一点，所有女孩要画重点，那就是不被年龄所捆绑，也不被境遇所限制。

少女感是注定会流失的东西，随它去吧。女性应该拥有自己独特的品格，比如力量、智慧、友善、宽和、敏捷。

女性的成长应该不止一面，永远都要向前一步，更大胆地去探索自己应该拥有什么，要经常对自己说“我很棒”“我值得拥有”“谁和我在一起，都会拥有很多生活的乐趣，获得内心的平静和幸福；谁弄丢我，我都不会认为是我的遗憾、损失，是他傻罢了”。

自己的功课自己修，自己的江湖自己闯。变好这件事，永远是正在进行时。

共勉，女孩们！

2024 年初夏于上海

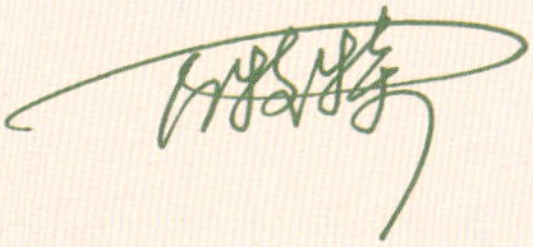

不必歌颂苦难，

也不要相信压力能转化为动力，

你的压力只会转化成病例。

人真正的动力，

源于内心深处对于快乐和兴趣的追求。

目录

欢迎来到闪着光的世界

你值得拥有一个很瘦的夏天

几乎所有的胖子都是吃出来的，因为七情六欲中食欲最凶残。

什么叫胖？真正胖的人绝不是每天喊着“哎呀，我太胖了”的那一群姑娘，真正的胖女孩从来不敢大肆声张要减肥这件事，因为她们脆弱的内心，生怕引来更多的嘲笑和白眼。

历史经过几番挣扎，终究还是一个看脸的世界。

所有女生都希望自己可以更美一点、更瘦一点。所有男生都希望自己头发多一点、身材再结实一点。

女生渴望永远娇嫩，男生渴望不要油腻，然而这世界从来就没有不劳而获的美。顺其自然是骗人的，人越长大，不是老就是胖，但凡精致好看的，都是暗地里下过功夫的。

有的人觉得，他们生活得糟糕，都是因为自己胖。其实胖本身不是罪，不是肥胖导致了你生活糟糕，而是你不自爱、不自律，

对生活毫无诚意，你允许自己一再搁置运动计划，你纵容自己把地沟油塞进胃里，日积月累，你才会变得肥胖。

你没把控好自己的人生，才会控制不了你的体重。减肥，从来不是目的。优雅的体形，应该是高品质生活的副产品。

为什么瘦变成了现代社会的某种标准？大概是现代人把克制自身欲望看作一种美德。

总有人问到底什么是瘦，我觉得它是一口仙气。

不管世界如何对你恶语相加，你都可以靠这口仙气吊着自己，在无数个以为自己快要撑不下去的时刻，将你从悲伤中拉回来。只要你还爱美，还不放弃自己，一切仿佛就有希望。只要你美着、瘦着，翻身是早晚的事。

永远不要抱怨生活亏欠了自己，也永远不要相信“胖女孩也可以超级可爱，软乎乎的才显得呆萌”之类的话。人最好看、最可爱的样子，就是那些为自己努力的样子。

你为自己倾注的心血，都是具备能量的。它让一件美好的事伴随着另一件美好的事发生，让你的人生重新充满很多很多的期待。

脂肪无法完全评定一个人的本质，它却在某种程度上表明了一个人的决心、执行力以及对待人生的态度，同时也彰显了一个人的生活方式、性格教养、审美品位以及对理想生活的野心。

瘦身这么美好的事，会清空你多余的情绪，令你爱上作息规律、目标明确的自己。你减的不是肉，是对生活的抱怨、不堪、曲解和苦痛。你获得的也不只是马甲线，而是对生活的自信、积极和斗志。

“让自己变好”这话快被大家说烂了，但它真的不是一句空话。并不是你今天健身、前天敷面膜这么简单，而是要持续地做好该做的小事，比如认真学习、保持健康、讲究穿搭、坚持护肤，对自己付诸时间和精力，这很重要。

泡夜店、打耳洞、文身、买醉这些事看似很酷，其实一点难度都没有，只要你愿意去做就能做到。更酷的应该是那些不容易做到的事，比如看书、健身、赚钱、用心爱一个人。

这些才是在常人眼里无趣且难以坚持的事。

网上都在转载吴桂君的一句诗：喜欢一个人，始于颜值，陷于才华，忠于人品……你听听，是始于颜值。如果你和他没有后来，那多数原因是“死于”颜值。所以，胖着玩玩这件事，希望你真的不要太贪玩。

毕竟，没人知道你的口红是香奈儿、迪奥、汤姆福特还是圣罗兰，也没人看清你腰上的杜嘉班纳、路易威登是真是假，钱包里有钱还是有卡。但你是大饼脸还是小 V 脸，腹肌还是水桶腰，翘臀还是扁塌，五米之内一目了然。

你过得好不好，别人未必知道，但是你一胖，别人立刻就能看出来。

如今已经“奔三”的自己，看着为减肥备受折磨的女孩子，非常想对她们说：不要去相信一个星期只吃香蕉立减10斤的神话，那份急速的饥饿感会为你减肥的再次崩盘储存力量；也不要相信食物是女人最好的慰藉，因为那样的慰藉指的是在心情沮丧的时候去品尝几块昂贵的比利时黑巧克力，而不是把不明来路的廉价糖果大嚼特嚼。

减肥是一项长期的事业，需要恒久的耐心。

像我一样胖过又瘦下来的人，提起肥胖，就像做了一场漫长的噩梦。大腿上的纹路像曾经受过伤的疤痕一样，不断提醒自己曾经是个胖子。有时不得不感叹命运多舛、现实多变，看脸的世界不容一丝质疑，但还好，在自己丑胖无助的岁月中，我没有放弃、纵容过自己，但愿你也一样。

有人问我当年为什么非要减肥?

“我只是不想胖着过完这一生。”

这世界鸟语花香，我们不能被肥肉讹上。

生活只要还在继续，
就没有所谓的大团圆，
它既没有让谁做了一生美梦，
也没有成全所有人的愿望。
它只是一个无形的推手，
推着每个人一步一步往前走，
一点一点享受这个往前走的过程。

愿望清单

距离生日倒数＿＿＿＿＿＿＿＿天

悄悄写下的愿望更容易实现，嘘！

万特特版

1. 提前结清房贷
2. 和爸爸妈妈一起旅行
3. 参加线下读书分享会
4. 认识 5 位新朋友
5. 去迪士尼与玲娜贝儿合影
6. 发现并学习一门爱好
7. 带妈妈去看她喜欢的歌手的演唱会

请在右页写下你的答案

前任请求添加你为好友

“前任请求添加你为好友”意味着什么？

绝不仅仅是你的好友列表里多了一个联系人而已，更代表着你们的生活又将重新交集。看似“多年未见，我对你仍有惦念”的寒暄，背后隐藏的到底是小心翼翼的试探。

我特别不喜欢这种“回头”。

我的第一反应会是：你回头找我，是因为发现还是我最好骗吗？

当初能选择分开，一定是这份感情已经让两个人觉得负累，我们都觉得分手以后会过得更好。那又为何在许久之后再次出现，搅乱对方好不容易平静下来的生活呢？

过去的人就像发霉的面包、隔夜的茶，不管当初有多美好，如今都变了本质，恢复不了当初的面貌。就像那句老梗：一个好的前任就应该像死了一样。安安静静做个“死鬼”才是体面，不要自己过得不如意了，仗着人家曾经喜欢你，就回头打扰，天真地以为还可以再试试呢。

说好听点是旧情难忘，其实本质就是自私。比起去认识新的人，吃回头草这事真是太没出息了。

事过才后悔，失去再珍惜，似乎是人类的通病。

拥有的时候只当作平常，失去后才后悔莫及，想要拼尽全力去挽回，可惜早就过了感情的保修期。

网上流行过一段话：我们去复合，去重蹈覆辙，去互相折磨。但我更喜欢另一段话：算了吧，那段痛不欲生的日子，我好不容易熬过来的。所以拜托你，千万别再来打扰我了。

放下一个人是种什么感受？

有那么一瞬间，你清楚地感知到心里某个卡扣咔嚓一下断开了，即使还有不舍，内心却有一个声音清晰地告诉自己“真的只能到此为止了”。

我挺喜欢你的，但这事过去了。

你应该过得更好，比跟前任在一起的时候还要好。

不如就把这个添加好友的请求，当成对方一次手滑的失误操作吧，又或者诚实点告诉自己“我是真的不想再加回来了”，都好。

不管是你收到了前任添加好友的请求，还是你有那么一瞬想同意请求，以此来窥探他的生活，我都希望你能冷静下来，好好想想，他真的那么重要吗？你真的放不下吗？你走过的路，即便山高水长，其实都不必再与他讲。

电影总是太仁慈，让破镜重圆，让旧梦重温，让走失的人再相遇，让没爱够的人继续爱。我想，正是因为现实中无法实现的事出现在电影里，我们才为之流泪吧。

一段感情结束了就是结束了，失而复得这种事在现实里并不常见。需要珍惜的时候你没珍惜，等我离开了，关系结束了，想反悔？不行的，没用的。

对一个人的“我喜欢过”和“我现在仍喜欢”完全是两回事。回忆和遗憾总会被时间冲淡，过去的人和事终究会成为回忆里的点缀，再惊不起一丝波澜。

我曾热切而无畏地爱过你，我曾赤诚而天真地爱过你，我曾绝望而期待地爱过你，但是一切都已经成为过去。没有人会永远留在原地等一个人，也没有人会频频回头去看已经模糊的风景。

或许我对你仍有爱意，但我已经不想和你在一起了。

故事有圆满也有遗憾，但是感情的事，谁又能说得清呢？两个人谁都没有错，如果可以，只希望在爱情里认真的人，余生能觅得良人。或许，你今后不会再像年少时喜欢他那样去喜欢一个人了，但会记得自己曾经喜欢他的感觉，又甜又酸。但凡是经历，都是你人生的养分。分叉的头发记得剪掉，离开你的人，就让他走吧。不必再苦苦追问，他也会成为别人世界里的后来人。

当时以为一辈子不会消失的爱意，如今想来却觉得是自己痴傻。单纯也好，成熟也罢，爱情的修缮，从来都逃不过时间的过滤。要有勇气，成为他人的过去。

“没有句号已经很完美了，何必误会故事没说完。”毕竟，爱情和人生，都要试错。

我们也正是在这一次次的试错中明白，失去和告别是成长的必修课，所有的午夜梦回，所有的年少纯真，仍会历历在目，但你已经往前走了，不需要再触摸了。

前任最好的告别，是你过得好与不好都不必让我知道。爱过就够了，余生就算了，这一世的缘分已尽，我很好，你随意。

勿扰。

如果你谈场恋爱，
眼泪比欢笑多，
那你就要停下来扪心自问，
自己到底是找了个恋人，
还是找了一颗洋葱？

可爱的你

自画像

请画出自己的脸，

并写下关于自己的五个关键词。

逃不掉的原生家庭

这几年，原生家庭的概念和影响逐渐被大众所熟知，也不可避免地成了很多人生活不顺、心理不健康的“背锅侠”。

内心自卑的，说是从小没有从父母那里得到过认可；性格敏感的，怪父母对自己的关爱太少；骄傲自大的，怨父母疏于管教；金钱崇拜的，说自己是穷人家孩子出身……

我留意过，无论是在身边还是在网上，喜欢讨论“原生家庭”这一问题的群体，大多是 17 岁到 30 岁的人。

年纪再小一些，根本还没意识到原生家庭的问题，再成熟一些，人生方向已定型，再多讨论也无益。而 17 岁到 30 岁，恰好是大多数人自我认知、自我检视、自我思考以及自我怀疑的时期。

我们都开始发现自己的缺点和短板，发现自己铆足了劲，可能也无法成为小时候写的作文里想要成为的那种很优秀的大人。

父母对子女的宽容、理解和尊重会变成盾牌、肌肉和能量，足以让子女在日后的风雨人生中步伐稳健、底气十足。相反，父母的刻薄、诋毁和冷漠会变成一种情绪绑架，像牢笼和黑洞，足以摧毁一个人本该光明的人生。

如果你用游泳来判断一只鸟的能力，那么这只鸟只能用一生来相信：自己是一个蠢货。

什么样的家庭才能养出人格健全的孩子？从来就没有标准答案。

但看了很多关于原生家庭问题引发的悲剧案例之后，我深深地觉得，三观端正、情绪稳定、人格健全的父母，他们的孩子在心智、情绪、人际交往、感情等方面，才会有良好的走向，其中一定少不了爱、理解、沟通、引导。

不必总是去想“原生家庭欠了我什么”，恰恰是原生家庭帮助我们看清自己，修补自己，而非用来怨恨。

现实生活中很少有父母真的像“樊胜美妈妈”“苏明玉妈妈”那样制造难以理解的亲情纠葛。

在绝大多数的家庭里，父母是爱我们的。但我们的父母，也是他们那个时代里平凡的小人物。他们受限于陈旧观念、知识水平、素质技能和成长背景，不能、不懂也不会表达他们对子女的爱。尽管父母悉心照顾，但成长过程中许多可能给你造成伤害、留下阴影的瞬间、细节，是他们无法预知和避免的。有些事就是拼尽全力也未必能够避免。

如果原生家庭伤害了你，你要做的是发现问题和改变自己，而改变自己的前提是换一种视角重新看待原生家庭，比如你的父母也只是普通人而已。

你讨厌父亲的平庸，却不知道他也曾是个怀揣梦想的少年。你嫌弃母亲的唠叨，却不记得她也曾是个对镜贴花黄的姑娘。

你是第一次当孩子，他们也是第一次当父母。世界上没有那么多极端可恶或者完美无缺的父母，他们也只是有着各种缺点的普通人而已。

我们不逃避原生家庭带来的问题，也不否定我们的一生多多少少都会受到父母的影响，但这并不是一道无解的难题。

我们的一生很长，不是没有修复的机会。决定人生好坏的，除了家庭，还有自己。你还有很多时间，把原生家庭给你带来的负面影响降到最低。如果本来并没有差到极点，就不要放大父母的一些失误，不要在抱怨、怨恨、自怨自艾中赔上一生。

作为成年人，我们都拥有宽容、原谅和自愈的能力。毕竟，我们终其一生，都是要为自己负责。

有一段我非常喜欢且收藏了很多年的话：

少年真正成人的那一刻，大概就是，对于你的家人，你会时不时惦记、想念，渴望从他们那里得到抚慰，害怕他们哪天离开人世——他们成为你梦境的常客，内心最柔软的部分。你却无比清楚：纵然爱他们，却再无法同他们心无芥蒂地谈论，或长久地生活在一起。

年纪越大越发觉，跟父母讲分寸，保持点距离，其实是用更成熟的心态跟父母相处。所以你看，越来越多的子女虽然还没结婚成家，但也搬出来独居，周末回爸妈家团聚。

这并不是亲情的疏离，而是随着年纪的增长，爱的形式也在变化。各司其职，互相尊重，又各得其法，拥有自我，才是最舒服、最不消磨爱的相处方法。

高质量的恋爱

不健康的爱会让人歇斯底里且易碎，而好的爱却能让人变得柔和、舒展又充满能量。

高质量的恋爱，是真的走进彼此内心的恋爱。在这种恋爱关系里，可以依靠自己，也可以依靠对方，不用咬牙切齿证明什么，也不用委曲求全迎合什么。

你有你的世界，他有他的世界，恰好你们的世界发生了一点重合，以此为契机，你们都愿意把对方接纳进自己的人生里。你可以很爱很爱他，但也不妨碍你早晨起床之后听英语、听新闻，做简单的早餐，然后再看看手机有没有他发来的信息；不妨碍你每天下班后抽时间去健身房流汗，回家后整理房间，刷刷喜欢的文章以及和家人视频，享受一个人独处的时光。

对于年轻女孩子来说，恋爱的确是生活很有滋味的一部分，但恋爱归根到底只是一种感情状态，不是生活的全部。

到目前我仍然坚信，爱是一件很好很好的事。但生活不只有爱，不要把除自己以外的任何人当成支柱和依靠，要把大部分的精力放在努力提升自己这件事上来，把该背的单词背熟，把手头的书看完，把迎面而来的工作认真落实。

被爱的时候有能力回应爱，不被爱的时候也有转身就走的勇气。人要为爱倾倒，但不是把头栽在里面。

这些年我有一个隐秘的感受，就是被好好爱过的女生，是一眼就会被看出来的，她们身上的明亮感是无法隐藏的。

她们知道怎么跟人建立合适的关系，不会恃宠而骄，不会矫揉造作，不会天方夜谭，能大大方方地进退于人和人之间，理性又得体，柔和又舒服。

这就是我之前在书里写过的：如果一个女孩子自信有趣，那她身后一定有个愿意保护她自尊心、给她底气的人，所以她说话、做事的时候不会畏首畏尾，不会总是怀疑自己不够好，更不会患得患失。

被好好爱过的人，她们眼睛里流淌着像月光一样的颜色，举手投足都好像在说：我就是一个值得被认真对待的人。

我们时常在步入一段关系前踌躇良久。可恋爱的结局本就难以臆测，重要的是过程——彼此相爱时的快乐点滴，互相补足时的人生进益，都是弥足珍贵的礼物，值得亲自去尝一尝。

好的恋爱会像生动的课堂一样，我们会在对方身上学到些什么，我们会更懂得自己，我们会经历一些饱满的情绪转换并且从中懂得一些余韵悠长的道理。

很久很久以后，哪怕有一天你不喜欢那个人了，回过头去看，他还是他，温柔聪明，幽默正直，堂堂正正，让人喜爱。那些对方带给你的好的影响都还在自己身上，那些所有跟他有关的时光，也在闪闪发光。

在大家都很害怕在亲密关系里被欺骗、被放下，更害怕“输掉”的年代，你仔细想想，爱情不过是我们在彼此的人生中占据了一段时间，有的人陪你走过了15岁到25岁，有的人陪你从25岁到28岁，等你觉得是时候成家了，陪你到80岁的那个人就出现了。

所以，并不是不分手、结了婚才叫作恋爱成功，而是恰好在你爱我的时候，我陪你度过了你的一段人生。

有人问我，爱是什么？

这个问题好难，我想爱是内心不可压抑的冲动、付出的热烈，以及那种心动带来的回响和共鸣。两个独立的人可以拥有更多强烈的、真诚的、纯粹的爱，不会为未知战战兢兢。

爱会让人变得更好。我以前一直不知道什么叫作“更好的人”，以为那是很外在的东西，比如变美、变瘦，或者拥有某种技能和能力，其实不完全是。爱会让人有一种从高空坠落时，被双手接住的踏实感；会让人每天情绪稳定，变得柔软、可爱；会改变人的心态和性格，让人更加积极乐观、阳光向上；会让人学会爱人，逐渐温柔，学会和生命里重要的关系相处。

爱真好，再也不用单打独斗了，难怪大家都说“被爱好似有靠山”。

嗨，有时间吗？

一起来解出这个数独。

5	3			7				
6			1	9	5			
	9	8					6	
8				6				3
4			8		3			1
7				2				6
	6					2	8	
			4	1	9			5
				8			7	9

总有女孩更愿意相信，
是他忘不了自己，是他还爱自己。
但我说句让你难受的话，
比起终于悔悟不想失去你，
更大的可能性，
是他再没有遇到比你更好的女孩。
如果遇到了，
他不会想起你是谁。

每个人的花期不同

小红书上有人 20 岁买下 Loft（一种户型），25 岁喜提新车，而我们可能还在还贷款；Keep（一款健身应用程序）里有人自律到一天吃两个苹果，顿顿水煮菜，而我是名副其实的“干饭人”；微博上有人年度业绩第一，而我正在翻明星们最新的八卦；抖音里有人周游世界，看山川湖海，而我周末宅家刷剧睡觉；朋友圈里有人装修婚房，升级成为爸妈，而我在考虑养只柯基还是边牧……

想来是有点惨吧，我扎根在一层又一层比我厉害比我强，月收入是我的好几倍的人中间。如果我说我看到别人年薪百万一点不心动，看到别人成为百万博主一点不憧憬，看到有人顺利拿到录取通知书出国深造一点不羡慕，那我一定是骗你的。面对优秀的同龄人，我也会焦虑。

我们对于幸福的太多标准，都是被别人塑造的，而一旦升起“比较心”，就会痛苦、焦虑、自我怀疑。

不得不承认，这世上一定存在一些人，刚刚毕业就能自主创业成功，月入 10 万，他们年纪轻轻就实现了我们想要的一切，早早走上了金光闪闪的康庄大道。但这些，毕竟只是少数。

所谓同龄人，可能除了年龄相近之外，再无更多共同点。每个人的见识、经历、家世、资源、天赋、选择、能力等方面，都天差地别，根本不具备可比性。

所以，没有跟同龄人搬进同一个高档小区，就是我们不够努力吗？我觉得不是的。

我们中的大多数，是那种放在人堆里找不出来的普通人，眼界、阅历都有限，但我们也在各自的领域内尽情施展着自己的才华。

金钱和地位的确是代表一个人成功与否最直接的标志，但是，恕我不能接受那种如果没有月入多少就全盘否定一个人的努力的观点。

看到同龄人比自己过得好，该不该玩命追？

如果真的想追，那也应该是为了自己能在某段时间内取得一些成绩，而不是为了别人玩丢了自己。像我前面写过的，“同龄人”三个字本身就是用年纪来圈定的，可是在很多事情上，我们根本不能，也不需要用年龄来套牢自己。价值观和判断标准从来就不是单一的，只默许一种价值观和一种声音的出现，是不对的。

如果你真的不甘心，非要比一比，那么同龄人都结婚了，你是不是也要结婚？同龄人都买房了，你是不是也要买房？同龄人都年薪百万了，你是不是也要年薪百万？就算你终于玩命追上了同龄人，也不一定会觉得更幸福，因为婚姻是人家向往的，你真的也同样向往吗？或许你更享受一个人的自由。房子是人家的梦想，你的梦想是什么？或许你的梦想是背上轻便的行囊，去看看远方的人与事。

为了自己喜欢的事去努力，为了自己的向往而铆足了劲，和志同道合的人做朋友，和自己消费观差不多的人吃喝玩乐，和三观一致的人谈天说地，这些难道不比跟同龄人较劲更有意义吗？

至于过得好不好这事，其实带有很强的主观情绪。

如果狭隘地用金钱来衡量自己过得好不好，那么过得好不好会变成无底洞，要无止境地追下去。这里，没有质疑努力向上的意思，而是在努力向上的同时，我们要停下来问问自己，我到底想要什么，想过怎样的生活。

另外还有一点要提醒，就是永远都有过得比你好的人，追不完的！

世界上总有比你过得好的人，也有不如你的人，这很正常。面对比你好的不卑不亢，对待没你好的多一点体谅。赢得别人的尊重的前提是尊重自己的现状。

那还要不要进步了？

当然要！但你努力的目标不该是别人，而是自己，为了超过昨天的自己。

每个人之间都有时差，但没有快慢之分。

有的人22岁结婚，有的人25岁离婚；有的人25岁找到工作，有的人28岁成了副总经理；有的人28岁第一次出国，有的人35岁定居国外；有的人40岁依然单身，有的人50岁才碰到真爱；有的人60岁去世，有的人70岁还在环游世界；而有的人，22岁就碰到这一辈子非他不嫁的人。

在自己的时区里，你没有迟到，也没有早退，你有你的步伐，别人有别人的行程，他没有走在你前面，你也没有走在别人后面。

命运给的礼物和灾难，一点不会少，你该走的路，一米不会少，你不必着急，一切都会准时发生。

我们能做的，是抓住当下每一分属于自己的时间，编织经历的密度，好好地、踏踏实实地让自己变成一个丰富的人。你不需要与其他同龄人进行过多的横向比较，每个人的生活都只是一种可能性，就我们自己而言，重要的是关于自我的深度发展。

不要因为羡慕别人而轻易陷入焦虑，不为某些单一且功利的衡量标准质疑自己。

我们普通人，可能终其一生都走不上星光璀璨的大道，但我们兢兢业业地工作，认认真真地生活，就没有被任何人抛弃。

毕竟，每个人的花期不同，不必焦虑有人比你提前拥有。

和过去的自己相比有没有进步，你会越来越靠近那个“自己想成为的人”。这就是我们每时每刻努力的价值和意义所在。

多少伤口看似完整平静，
可每当风吹过，
还会泛起细细裂痕，暗暗疼痛。
不必感激伤害你的人，
他们只是提醒了你，
不要成为那样的人。

你总得见过一些冷眼旁观，
挨过一些疾风骤雨，
体会委屈和眼泪闷在胸口
却不能迸发的酸楚，
才会明白，
哭泣和发脾气都是最没用的事。
生活就是用那一两分的甜，
冲淡八九分的苦。

莫欺中年穷

前几天在微信群里，看到有人抱怨老板对他不好。怎么不好呢？原来是他毕业后一直在这家公司工作，眼看着这两年年纪更小的学弟学妹们进入职场，可老板还是没有想提拔他做项目负责人的意思。他每天还要和“90后”一起上下班打卡，出差只能报销高铁二等座。

他说自己也算兢兢业业工作了5年，没有功劳也有苦劳吧。他发了大段大段的文字，却没有一句在说自己这些年做出过哪些成绩。群里久久没有人接话，我默默删除了群聊对话框。

在这个商业社会里，只有功劳才会产生价值。苦劳如果没能转化为功劳，那它就白白浪费了时间，不是吗？

以前的微信签名是“莫欺少年穷”，经过了多年努力奋斗，现在可以改成“莫欺中年穷”了。

上学时，我们对优秀学生的评价标准至少要有一项成绩是名列前茅的吧。你说你刻苦，你说你尊师重道，最后成绩平平，奖学金还是不会给你啊。上班后，你每天七点半就到公司打卡，吭哧吭哧看似工作了一整天，晚上下班后吃完饭还在家里继续加班。你是很辛苦，可月底的时候，你没有业绩，也没有维护好客户，这苦劳的价值又在哪里呢？

这是一个以成果论英雄的时代，更是以成果检验一切的时代。

职场不是存钱罐，20 岁拼命往里塞，30 岁开始躺着花。20 岁有 20 岁的努力，30 岁有 30 岁的勤奋，你不能 30 岁的时候邀 20 岁的功。在职场，没有人会为你的资历买单。

所有的理解都基于一个前提：用努力争取更多宽容，用能力说话。这就是职场的规则。

如果你过去 29 年没有努力，那 30 岁的时候也不会有奇迹。

职场里，没有应该升职的年纪，只有配不配升职的人。你没有功劳，谈苦劳是没有任何意义的。

工作这几年，和朋友聊得最多的就是薪水和跳槽的事，凑在一起聊一聊年终奖，再聊一聊年后要去面试的新公司。

年纪小一点的时候，我们总觉得这个世界不够好，配不上自己。自己有无限活力，无坚不摧，可以去试错，可以去创造。

可是慢慢地才发现，是我们弄错了。这世界有太多你不知道和做不到的，以我们努力的程度，远远配不上自己想要的世界。

年轻人换几份工作，跳槽、辞职都没有问题，但不要盲目“宠坏”自己。总听到有人嫌工作太无聊、没意义。所有的事业一开始，都难免是无聊的。有的人冷板凳坐不下去了，换了一座又一座庙，还在坐冷板凳。而有的人，抱定把板凳坐穿的心，要在一个地方干出点成绩来。

再厉害的医生，刚入行也得每天去巡房；时尚杂志大主编，都是从在样衣间叠衣服开始；每一个 CEO，或许都有过当助理的激情岁月。世界上没有绝对的好工作或坏工作，越是看起来平凡的工作，越是被大家轻视的工作，也许越有机会干出一番成绩。

没有艰苦的、枯燥的、无聊的、重复的、看似毫无意义的日常事务的沉淀，也就没有你后来沉着、耐性、坚韧与毅力的成熟品质。

这些都是力保你未来直面大江大河，勇闯虎穴龙潭，九死一生仍能凯旋的重要品质。坐过冷板凳的人，大多拥有超强的韧性，这种韧性，保你在经历折磨、消耗、痛苦时，内心不会丧失坚定的势能。

允许去尝试和改变，但你要想清楚每次离开，是因为自己选择离开，还是因为不想承担而离开？这很重要。

正值大好青春的你，可能觉得还有大把时间可以挥霍，机会很多，未来光明，该完成的工作推到明天，该学习的技能推到下个月，眼下只顾及时行乐，刷刷抖音、微博，给这个点赞，给那个评论，买买买，浪浪浪。那么，等到岁月把你推到30多岁时，你每天睁开眼大概就是房贷、车贷、信用卡还款日和这个月还没完成的业绩。

没有无缘无故的高工资，它的背后必然是你更多的付出，是你在职场里每时每刻为自己争取的重要位置。工作是安身立命之本，也是自我价值的体现，认真一点别敷衍，因为到头来敷衍的还是你自己。

你的本领，对应着你的工资和年终奖。只有那些专业又格外勤奋的人，才能拿到体面的收入，才能拥有更好的未来。

QUESTION / 10个绕不开的人生问题 / 1

你觉得什么是治愈？

特特的答案

所谓治愈，不是说人没有痛苦了，
而是我理解自己的痛苦从何而来，
我能够面对和驾驭自己的痛苦，
它依然存在，但我已不再恐惧了。

治愈，即自愈。
它绝不是轻飘飘的东西，
它是有重量、有力量、有光亮的，
它让人从心里生出一种对未来的美好期待。

请在右页写下你的答案

树洞也想喘口气

人间从来不是乐土，各人有各人的苦。

我们每天面临的事情铺天盖地，时间不同步，距离不接近，性质不一样，妄图维持“你难过，我随时在”的友谊，是违背成年友谊规则的。

我看过这样一段话：大概每个人的生活中都有几个这样的朋友吧，心眼不坏，但是定居在低气压里，其实没有遭遇多大的不幸，但是长期保持着不开心，他们能从各种小事里品读出这个世界对自己的恶意。我们曾很努力地想让他们开心起来，可每次掏心掏肺的安慰都像是一支药效很短的镇静剂。

久而久之，很努力想让他们高兴起来的我们感到疲倦了，他们感觉不到我们的疲倦，视之为友情的疏远。

不管是很“铁”的朋友，还是亲密的恋人，没人能长期任职你的情绪垃圾桶。

我曾经写过，愿有人能在你哭泣时，轻轻地坐在你身边，收拾好你七零八落的情绪，温柔地接住你的疲惫。但这不意味着，你可以罔顾对方的感受，把情绪压力转移给对方。没有人是容易的。

难过、丧气，都是非常私人化且容易传染的情绪。如果总是试图将负面情绪转移给亲近的人，那无疑是在缩短这段关系的寿命。

人际相处成败关键在“度”，懂距离、知分寸，才能长久。

真正的友情是纯粹的，帮或不帮都是一个成年人的选择，不能用道德去绑架。和陌生人之间，更不要试图窥探别人的隐私，说话留有余地，不能强人所难，说话不能不看时机。这距离和分寸不是疏远，也不是冷落。而是唯有这样，我们才能尊重自己在意的人，才能安稳、妥善地保护好我们之间的感情。

不必靠太近，各自有各自的生活；不要离太远，我们的生活圈还有交集。那句老梗“距离产生美”，其实就是，彼此尊重，彼此珍惜。

不是反对你向他人倾诉，而是要学会适度。即便是树洞也会有疲倦的时候，有时候，树洞也想听点好消息和笑话解解闷。

永远不要把诉苦当成逃避的手段，可以哭，大声哭、使劲哭，哭完明天还要继续做大人。情绪释放完后，别忘了站起来继续战斗。

希望你永远有着温柔且勇敢的内核，抵得住翻江倒海而来的情绪，在“情绪管理”这张考卷上拿高分，而那些不喜诉苦的人，最懂得体面地跟过去告别。

什么样的人更具有吸引力？

特特的答案

在有限的条件里，创造无限可能的人，
这部分不取决于能力，而取决于心力。

内心有能量的人，哪怕不被世俗待见，哪怕暂时处于低谷，
也能凭借自爱和自信，
凭借坚信自己值得过上更好生活的执念，
破釜沉舟，背水一战。

就像一棵树，只要有了深邃根系和挺直主干，
无论以后日子里面临多大风雨，都能撑过去。

而内心缺乏能量的人，
哪怕出身优渥，一路绿灯，
也会在焦虑和混乱之下，将一手好牌打得稀烂。

请在右页写下你的答案

相由“薪”生

清汤挂面的女孩可能只会习惯在角落里不出风头，可只要两片唇瓣带一抹俏丽的红，脸上只拍一层薄粉，女孩们也能立马走路带风，像午后阳光下在树枝上摇晃的樱桃，每一寸风情都会拢住欣赏者的心。

在枯燥艰难的日子里，口红便是颗闪闪发光的少女心。

微博曾有一个很火的活动，一家摄影机构无偿为几位为了生活负重前行的中年女性拍摄了一组写真，用锦衣着身代替粗布裙衫，以妆容得体代替蓬头垢面。一张张对比照让人们无限感慨，“草根”女性也可以明眸艳唇，气质出众。

在这个人们对美极其认同和渴望的时代，女人不易，尤其是没条件打扮的女人，会更让人感伤。

我们不得不承认，对女人这种生物来说，美太重要。而每一瓶面霜、眼霜、精华液，都需要一个不敷衍生活的态度和一张可以任性刷刷刷的卡来支撑。

金钱虽然不是我们人生追求的意义，但是我们的很多追求，必须依靠金钱去实现。

当你唇上涂着最热门的色号，睫毛浓密卷翘，香水是昨天刚拆封的新款，那么，你便拥有了不怯场的金甲圣衣和一颗没有被卑微浸染的心。就算偶尔被生活中的鸡飞狗跳闹得心情糟糕，也能躺在幽美的山中温泉里敷上面膜止住眼泪，而不是只能买几瓶啤酒和一袋鸡爪坐在路边号啕大哭。

30 岁开始，相由“薪”生。

这个相，不仅是指你的容颜，还有你的精神状态和生活态度。

这个薪，不仅是指你的存款，还是指你对金钱的认知和赚钱的能力。

不要小看女人的衣服和鞋子，那是她明白自己要成为什么样的人，更不要小看女人今天用什么化妆品，那表明她预备进入怎样的社交圈。

所以，当一个姑娘妆容完美、衣着得体地站在你面前时，她背后付出的，不仅仅是那些你不认得的瓶瓶罐罐，更是她为这完美的一切付出的时间和心思，也是她不想敷衍生活的态度。

爱自己，
是不讨厌自己的双下巴

我从前信奉“花钱”这种快速疗愈法，我在写不出稿子、心情低落又或是取得了阶段性收获时，会去商场逛逛，用买买买来安慰或鼓励自己。

但我慢慢发现，买买买这种直接粗暴的方式，并不具备让我的生活走上良性循环的属性，它能带来的不过是片刻的欢愉。

一位在英国留学的朋友告诉我，她的语言老师是一位非常可爱亲切的老爷爷。每次做个人演讲，不管同学们准备得有多糟糕，在台上有多紧张，他最低一级的表扬都是“Good，very good（很好）！”。如果表现格外出色，他会满脸惊喜，给一个大大的拥抱，然后说“Excellent（太棒了）！”。

她说：“如果换成我老爸，那定是一顿劈头盖脸的批评，但那位老师给了我很多鼓励，他让我在下一次想要更用心地做好。”

想想看，好像我们从小到大在成长中最缺失的一课，就是怎么学会欣赏自己、拥抱自己，爱上自己的全部。

我常常能听到身边的女孩子跟我抱怨：自己眼睛不够大，腿不够长，腰也不够细。自卑起来的时候，觉得自己简直亏欠全世界，欠世界一张美丽无瑕的脸庞、一颗聪慧绝顶的大脑，甚至欠世界一个平和丰富的灵魂。

可是我们怎么忘了，“美”“聪明”“精彩”从来都不是别人定义的你，而是你定义的自己。

我也有觉得自己工作能力普通，相貌、家境跟谁比好像都不够好的时候，每当负面情绪袭来的时候，我都会看一遍影响了万千女性的美国电影《穿普拉达的女王》。

电影的最后，在巴黎流光溢彩的街头，女主角安迪将手机扔进喷泉，转身走入了自己的命运。她不再是影片开头准备面试时慌张的女孩，也不再是在办公室里战战兢兢的职场新人。她不再需要华服来包裹自己，不再需要浓密的睫毛来掩饰眼神中的倦息。她重新走在初秋的雾霭下，清澈的眼眸就像她素颜的心灵和面庞一样灿烂炫目。她终于找到了自己，她终于爱上了自己。

一个自卑的人，只会越来越丧气；一个自信的人，才会走向更远的世界。

我们千帆尽历，才发现最好的自己就在这里。我们阅人无数，才懂得最该珍爱的人，其实是自己。

时尚博主里有一位很特别的亚裔女孩，身材娇小、皮肤黝黑，和亚洲人的审美相去甚远，却凭借着自己独特的时尚触觉和阳光自信的态度，让人过目难忘。

作为一个时尚博主，她高中时就开始打造 Shine by Three 网站，那一年她才 16 岁。同时作为一个摄影师，她拍各种美景和各种美食，出色的摄影作品令人欣喜。她给倩碧做形象代言人，素颜、白衫，像个未经世事的学生；她给施华洛世奇拍广告，站在超模身旁，从容淡定。

看她的照片，你会发现，这个姑娘的眼角眉梢、一举一动，都带着一股不容置疑的自信，甚至“自恋”。她是真的爱自己，才在镜头前表现得那么自然，气场强大到再高再美的超模都无法掩饰她的光芒。

她是最完美的那个吗？不是。可她一定是人群里最能发现自己美的那个女孩。接纳自己，是她最好的化妆品。

真正的爱自己，不仅仅是你去了那家高格调的西餐厅，你给自己买了全能乳液，又添了几件名牌新款。

爱自己，是你能在多大程度上尊重自己、忠于自己、肯定自己，那是一种来自内心的力量，帮你对抗最平庸的生活，更在于你能否和自己好好相处，和世界握手言和。

现在，如果有女孩问我，什么才是爱自己？

我会跟她说，是给自己买冰激凌，是不讨厌自己的双下巴，不讨厌自己的痘痘，不讨厌自己的钝，不会因为别人的指责而怀疑自己，是每天都会对自己说：“要永远相信自己。”

没什么好隐瞒的，
那是我曾经喜欢过的人，
就算最后分开了，
我依然希望他没灾没祸，
平平安安，
玩游戏都顺风，打球不会受伤，
能真正遇到一个想要在一起的人。

我栽的树不介意谁来乘凉，
因为我栽的时候，
就希望它枝繁叶茂，蓬勃生长。

QUESTION / 10 个绕不开的人生问题 / 3

爱情里最棒的心态是什么？

特特的答案

我一切的付出都是心甘情愿，我对此绝口不提。

你若投桃报李，我会十分感激。

你若无动于衷，我也不灰心丧气。

直到有一天我不愿再这般爱你，

那就让我们一别两宽，各走各路。

请在右页写下你的答案

朋友圈仅三天可见

你有没有发现，如今不发朋友圈的人越来越多了，设置三天可见的人也越来越多了。

以前我们看了一部剧或者电影，要发条朋友圈写写观后感；出门旅行要分享一下遇见的不同文化；即使是偶然瞥见一朵好看的云、路边一棵奇怪的树、池边捉蜻蜓的猫咪，都要发条朋友圈感叹一下大自然的可爱。

慢慢地，朋友圈里越来越多人加进来。同事进来了，讨论工作；亲戚进来了，点评你的生活，顺便给你介绍相亲对象；小学同学进来了，用奇怪的语气说你现在混得不错；只见过几面的朋友进来了，问你买不买保险。之后，连房产中介、淘宝客服、装宽带的、修空调的，甚至连楼下理发店的理发师也加进来了。

人虽多了起来，可与微信朋友圈早些年热闹红火的景象相比，如今的我们，更新和翻阅的欲望都已大不如从前，而那个标志着新动态来了的小红点似乎也不再出现得那样勤快了。

我们加的人越来越多，发朋友圈的次数却越来越少。现在的情况是，我们点开一个朋友的朋友圈，最新动态停留在大半个月前，点开另一个，显示“朋友圈仅三天可见”，更新勤快的只有公众号和微商了。

我们的微信变得不再私密，朋友圈也不能发得无所顾忌。毕竟在众人面前敞开自己的内心世界，是一场风险不低的冒险，而不随便把情绪公开在朋友圈，也是一种温柔，更是礼貌。

如今，是我们已经没有了倾诉的冲动，还是我们已经没有了交流的欲望？

我觉得都不是，我们每一个活生生的人，都渴望倾诉、希望被理解，但我们确实越来越不想发朋友圈了。大概是因为，不发憋屈，发了矫情。

关于这个问题，我问过几位朋友。

有人说，现在每次发朋友圈都要思前想后，纠结这条能不能发，发了会不会被吐槽，会不会不够有趣，会不会被说装，会不会让别人多想，等等。每次都要考虑半天，小心翼翼设置分组。等忙活完了，连发送的欲望都没有了。算了，还是继续工作吧。

有人说，夜晚的时候情绪泛滥，什么脆弱、焦虑、忧愁一股脑儿地涌来，这种时候万千情绪堵在胸口，不发出来真的会憋死。可一觉醒来，又觉得昨晚的自己软弱矫情，而且并没有什么人递上关心，所以只想快点把动态删掉，还要告诫自己下一次可不许这么纵容自己了。

还有人说，就是很忙呀，小目标立太多，不想打自己脸，所以总有忙不完的事。不管是取得成绩还是备受挫折，都与他人无关，只关乎自己。

“我没有屏蔽你，只是不想把情绪随便公开”是如今大多数人的心声吧。

我们每一天都有不同的经历，每一刻都有不同的情绪变化。你看到以前我开心的样子，不代表我真的天性乐观开朗。你看到某一刻我突然很难过，也并不说明我是个很“丧”的人。

有些东西，作为过去某一段时间或者某一瞬间的印记就好，但无法成为你真正了解一个人的途径。关于过去的时光，如果你已经参与，我会在闲暇的时候，在怀念的时候，在清晨，在午夜，独自一个人拿出来细细回望。但如果你没来得及参与，那也没关系。

一个真实的人，他的朋友圈不应该只有诗和远方，还会有苟且，有不堪，有失态。

成熟，就是将注意力从晒幸福、晒经历变成自我消化的淡然。人生这条路走下来，你会慢慢将外在的表露冲动，变为内在的沉静自洽。

味道

在这页喷上最近你最喜欢的香水，

并写出这种香味带给你的感受。

“单身狗”这个老梗

这个世界对“单身狗”的恶意总是不消停。

比如，明明是光棍们的“双十一”，却瞬间成了情侣间晒恩爱清空购物车的好日子。比如，喜欢的那家饮品店偏偏是第二杯才半价。比如，一个人去看电影，挑选的场次居然是情侣厅。再比如，一个人点外卖不够起送价，多点一份又吃不了。还有什么秋天的第一杯奶茶，冬天的第一个烤红薯……

外界不时冒出的恶意也就算了，那些“为你好”的亲戚偶尔也要过来插上一脚，“你年纪也不小了，再挑就要 30 岁了”“小姑娘眼光不要太高”“你还真想当‘剩女’啊”……

可能在一些人眼里，单身就意味着自身魅力不足、找不到恋人，可我见过很多拥有漂亮脸蛋和迷人身材的姑娘，一个人活得有声有色，本身就有趣的灵魂从不指望另一半为自己带来生活的改变和快乐。

那些不见“爱情”不入“墓”的单身青年，倒是有些可爱可敬之处。因为他们宁缺毋滥，不将就。他们没有把自己当作促销货架上过了赏味期限的食品，他们宁愿做“单身狗”，也不愿成为别人精神世界里的“创可贴”。

如果你愿意，仔细想想你身边的单身男女，他们还真不是“狗”，而是物质富足，精神独立。单身对于他们来说，并不是急需解决的毒瘤，只是一种生活状态而已。

谁说单身一定要跟空虚寂寞冷沾边呢？在爱情像快餐一样被随意消费的年代，那些面对孤独和闲言碎语仍然毫不动摇的人，才值得点赞吧。

切记不要因为寂寞而谈恋爱，一段随随便便开始的恋爱，一段因为填补寂寞而在一起的恋爱，对两个人来说不过都是辜负和伤害。

度过短暂的甜蜜期后，只因为寂寞而在一起的副作用会渐渐显现出来：

你确实不用再一个人去吃饭，承受别人的窃窃私语。但是你和他会因为各自的口味差异而互不相让，或者在用餐的时候，一方并不愉快，从而导致两个人无话可说。

你看完一部电影，觉得可以排进年度十佳，你迫不及待地想跟他交流和分享，但他正跟队友一起打游戏，根本没空理你。

你计划买户外用品和他一起去登山攀岩，他觉得在家门口的公园随便跑跑就好，都是运动，没必要使劲折腾自己。

渐渐地，你的爱好，他都不置可否。他感兴趣的事，你也提不起兴趣。就连争吵，你都懒得吵了，因为吵不出结果。他每天就睡在你旁边，可你依旧觉得自己是一个人，半夜醒来，你也不想抱他，只是盯着天花板，感受凉进骨头里的孤独。

因为寂寞开始的恋情，大抵都会这样。

曾以为，世界上最糟糕的事就是孤独终老，其实不是，最糟糕的是与那些让你感到孤独的人终老。相比恋爱里的孤独，单身的孤独实在是很浅很浅了。

单身的人并不是不追求爱情，相反，他们的单身是对自己的负责、对爱情的负责。他们不愿意谈低质量的恋爱，比如那种两个人面面相觑，在闹嚷嚷的小饭店，问过各自口味后，就埋头敲手机屏幕的恋爱；再比如那种工作一天回来后，像合租一样，各自洗澡，一个随意播着电视，一个看着自己的平板电脑，没有交流，没有喜恶的恋爱。

他们喜欢把时间花在跟朋友聚会和丰富自己上，不愿意把时间浪费在会消磨自己的不良爱情上。他们相信缘分，虽然缘分这词很老旧了，可感情这事，谁不是在等待着缘分将那个和自己合拍的人牵到身边呢。

年轻有趣的单身者，是不是“狗”，别人无权判定。他们只想找到一个同样披戴光环、永远热切饱满的灵魂。

请你相信，好事总会到来，而当它来晚时，也不失为一种惊喜。

仓鼠鼓着腮帮子来到医院，
龙猫医生说：
“上火了吗？开点药吧。”
“不，不是的，我给你送点吃的来。”

有时候就是这样，
你对别人的爱，
在别人眼里像是病。

重要的人（万特特版）

To 妈妈

我想带她买衣服、买金镯子、烫头发、去旅行，

像小时候她对我那样。

看她笑眯眯地拎着新包说“真好，没白养”。

我觉得生活特别有盼头。

To 爸爸

“培养我，一定花了很多精力和钱吧。”

“老爸是个很平凡的人，但因为你的存在，我才觉得老天对我不薄，你是爸爸的人生意义。”

To 爱人

不得不说，你真的很有眼光。

To 卡卡（作者的小狗）

11 岁快乐，希望你陪我久一点。

To 闺密

日里欢喜，夜道晚安。

等待一起变老，再穿上大花裙子，

一同坐在阳光下，聊聊隔壁老头的八卦。

请在本页写下你的答案

悄悄地把尾巴藏起来

我念高中时，利用课余时间写东西，然后投稿给自己喜欢的期刊。

那时候身边的同学，包括我的同桌都不知道我投稿这件事，我也从来不提。有时课间写一写，有同学过来，我就假装轻松地盖好，找出一本练习册压在上面。

有很多次投稿被录用，我就把刊登了我文章的那期买回来，没事就要翻开看看，然后再小心收起来，心里别提多高兴了。

可我还是被发现了。

班上一个同学那么巧也买了那本期刊，又那么巧看到了我写的那一篇。有次她收作业的时候走到我旁边，看到我在埋头写东西，说：“又在准备投稿了吗？”

不仅如此，有次课堂上老师说起课外读物，这位同学突然说：“她的文章发表了！”于是老师和同学们都稍感意外地齐齐看向我。

我的这位同学有什么坏心思吗？并没有。

我知道她并没有恶意，至今我们还保持着联系。但不能否认的是，她将信息带给大家，“曝光”我并不想被大家知道的这件小事的时候，我的心里像遭受了一连串的暴击。后来还有同学跟我说：“如果再发表，记得告诉我们，我们也想买来看看。”而老师也很希望我能在班级朗读自己的作品。

被大家关注、被老师夸奖，并没有给我带来荣誉感和快乐，反而让我无所适从。原来一直默默努力做着的事被发现了，是会带来失落感的。

就像是武陵人闯入了桃花源，大声赞叹：“你们这里真是太美了，我要帮你们把这里打造成5A级景区！”桃花源里那些避世的人，真的开心吗？我想未必吧。

我喜欢“悄悄地把尾巴藏起来”这个行为，至今还是没什么改变。

在自媒体自由的今天，我觉得自己除了写字，或许还可以做点别的有趣的事。于是，我注册了小红书，在上面分享自己的生活爱用物品、读书笔记、探店打卡、护肤心得。

起初，我从不在乎发的这些笔记有没有人点赞，直到陆续被同事、读者和朋友们在小红书首页刷到，我的心态开始有了变化。

这篇“参观美术馆”的笔记，照片调色是不是不够吸引人；那篇“好书推荐”有没有展现出书的价值；明天要发的“护肤禁忌”希望能被更多女孩子看到。

我觉得越来越累，我的担心和期待都开始变多。我没有抱怨的意思，只是因为被人知道，我所有的进步和退步、成功和失败都被挂出来，公开得明明白白。我很难不让自己在意，听到掌声的同时也得扛下所有的期待、不看好和未知的种种变故。

于是，我又想起许多年前，在体育课的间隙，自己一个人跑回班级，拿出作文本，一字一字记录，然后反反复复修改到自己满意，再小心叠起来，按照期刊上登的地址寄出去的时光。

没有人看见我在做什么，但我真的无比开心，那种开心在被各种数据充斥着的今天，很难再重现。我变得希望明早起来可以看到涨粉，变得因为没有曝光度而愤懑，变得忘了自己当初为什么要做这件事。

被围观的努力真的很辛苦。

努力是一个人的事，是为了自己，你付出的努力跟周围的人都没关系。不如沉下心，安静地去做心之所向的事，等到努力得到回报的时候，再和真正关心你的人分享。

我不知道这是一个人性格里“沉稳”的一面，还是一种生活方式。不为取悦任何人，不为博眼球的时候，步伐真的又快又轻松。

旁观者看不到你内心的那团火，他们只看得到烟，索性就等尘埃落定的时候再分享燃烧过后的印记：“你看，我真的做到了，还不错吧。”

无人问津也好，技不如人也罢，
你都要试着安静下来，
去做自己该做的事，
而不是让烦恼和焦虑，
毁掉你本就不多的热情和定力。

在路上

贴上两张旅行时拍的照片吧！

光鲜的博主们

我的一位朋友，巴克，是普通上班族中的一员，利用下班后的时间，报名了摄影和剪辑课程，每晚 7 点 30 分准时开始，线上学习 4 个小时。等到周末，就到提前选好的美食店铺去探店，然后回来撰写文案、剪辑，发送到平台。

在这样没有团队、没有合伙人、没有流量，任何小事都要他亲自来做的条件下，他默默坚持了两年。

直到有一天，我们在各大平台发现了一个用户名，叫“巴克带你吃点好的”，才知道他已经成为拥有十几万粉丝，开始组建自己团队的美食分享博主了。

很多人都有这样的疑惑，为什么我们身边总有人看起来普普通通，但突然有一天，他们就成功了，把你甩出了十万八千里？

因为他们在默默努力扎根，独自一个人奋斗的时候，你根本没有看到。

就像巴克，他从没在朋友圈里发过宏愿，也没在论坛发过“鸡血”打卡帖，只是每天都在有序地努力着。

我们在职场“摸鱼”虚度时光的时候，他在找各个商家老板谈合作；我们赖床的每一个周六，他都早早出门准备当天的拍摄；在我们和朋友大快朵颐、吹牛互捧的时候，他在家修图、写文案；在我们看直播、刷朋友圈的时候，他在看粉丝们的留言，并认真回复，接受意见；在我们因为抢到几块钱红包而暗自高兴的时候，他这个月赚到了五位数的广告费。

他没有告诉身边的同事和朋友，我们只知道，有很长一段时间，他都没有来参加聚会，在群里偶尔和大家打个趣就不再聊了。他放弃了娱乐的时间，一直在默默地做着自己想做的事。

反而是那些不那么大张旗鼓地满世界立 flag（目标）的人，踏踏实实地在行动。在不曾分享的时间里，有人取得了很大的进步，成为当初我们都向往的人。

当我们身边有人做成了一件事，一定会有这样的声音：“他不过是运气好。”

很多人都认为当今做自媒体很容易，无非是找些图片，搬运一些文案，学学排版，手指一点“发布”，再买点虚假的点击量就万事大吉了，剩下的时间里坐等广告商家找上门来合作就可以了。

这样想的人，恐怕从来没真正自己去做过这件事。

自媒体看似自由，实则辛苦。从“小白”做起，在各种群听取大家的经验，线上学习是少不了的。就连吃饭、喝水的时候都要想下一篇要发的内容，明明已经很不舒服了，可还是要硬撑着爬起来编辑、排版，毕竟每天按时更新这个原则绝不能动摇。你所看到的每日一篇的原创，都是有人熬得眼睛干涩、颈椎疼痛得来的。

身边那些升职更快、职场顺风顺水的人，常常让人看着羡慕嫉妒恨，事实的真相也没有你想的那么阴暗和不公平，每一分在人前的轻松如意，都源于背后的暗自努力。

这既在意料之外，也在意料之中，其实这种现象生活中很常见，一开始信誓旦旦的人大多数都是三分钟热度。

那些闷头做事的人，比如巴克，不是没有遭受过打击。黑粉的恶评、商家的不配合、脑袋不转写不出东西、剪辑好的视频文件突然损坏……可那又怎样呢？他们坐得住冷板凳，经得住诱惑，他们心有定力，有格局，有远见。

比起天上掉馅饼这样的好事，我更相信所谓的好运气是慧眼、毅力、自律、眼光和勇气的综合表现。

想要做成事，先低头看看自己走的路：有没有认认真真地培养自己在某个领域的能力和技术，脚印是不是够深够平整？如果没有选择正确的起点，坚持不懈地进行量变的推进，那么你的“馅饼”永远不会到来。

共勉。

我们不仅追娱乐圈的俊男美女演技派，
更去追自己专业、
职涯领域的“牛人”“大咖”，
追在科技、文化、艺术、医学等
各个领域的“大明星”，
追逐他们的耀眼光芒，
向他们身上的闪光点靠拢，
为了更好的未来而追，
而不是纯消耗光阴。

我说大海很漂亮，你说淹死过很多人

这个世界上，因为三观不合而分手的情侣、夫妻，比你想象中还要多。

你喜欢看书，他觉得你迂腐；他爱看综艺，你觉得他肤浅；你无辣不欢，他却口味清淡；你喜欢聚会的热闹，他偏爱宅在家的清静；你喜欢旅游，他却觉得旅游只是浪费钱，不如在家待着；你偶尔去趟西餐厅，他却认为这是乱花钱。

这不叫互补，这叫凑合。到最后你会发现自己的世界越来越小，只容得下鸡毛蒜皮。

你认认真真健身、敷脸，不是为了找一个在旁边既不欣赏还要指责你乱花钱的人来闹心，甚至牺牲你原有的生活。辛辛苦苦加班工作，是为了假期去香港买心仪的衣服和包包，花钱花到手软，而不是为了和一个守财奴窝在沙发上看电视剧。

三观不合的人，从本质上追求的东西就不同，压根不是一路人。曾经的喜欢只会随着沟通和日常相处一点点削减，直到相处也成为一种负担。

以前很多人觉得找另一半要有钱有貌，但其实经济条件可以通过努力改变，容貌可以通过提高审美来改变，性格可以包容，爱好可以参与，三观不合却治不了。

三观一致的人才有更稳固的关系，因为有一样的价值观和目标，才能共同奋斗，没有太多冲突。

每个人从小的生活环境、接受的教育不同，三观是在小时候就慢慢树立起来的东西，所以自己与他人的兴趣、爱好、品位难免会有不同。

他喜欢户外运动和机器人模型，你喜欢弹钢琴和收集香水。但他会在恋爱纪念日带你去听钢琴演奏会，虽然他听得云里雾里，昏昏欲睡，但这并不是三观不一致。如果他硬要说你喜欢弹钢琴是玩儿票，收集香水是浪费钱，而他的户外运动才有意义，这才是三观不合。

或者说，你喜欢路边麻辣烫，他爱吃日式料理。你不认为他是假装高格调，他也不批评你不注重就餐卫生。他能懂得人间烟火自有它的美味，你也愿意陪他坐在精致的餐厅里品尝新菜。和这样的人在一起，漫长的人生才不会觉得太难熬。

相恋容易，因为五官；相处太难，因为三观。合适的人不一定要情商多高，但一定会懂你的点。他不会在你感性的时候讲生硬的大道理，也不会在你气得火冒三丈时和你硬碰硬。重要的是懂得尊重你的选择，并且不会把自己的想法刻意地强加在你的头上。

虽然在这个世界上，我们很难找到一个和自己完全契合的人，也没有十全十美的伴侣。但如果真的要在一起度过漫长的几十年，请一定要找一个认同你的生活，懂得尊重你的人。

所谓三观相合，是有自己的想法，也不排斥世界的多样性。在遇到彼此差异的时候懂得尊重对方，不将自己的价值观凌驾于别人的价值观之上。

三观相合的人，因为跟你目标一致，追求一致，判断一致，会是你的好队友，甚至好导师；而三观不合的人，只能带给你一场又一场无意义的针锋相对、剑拔弩张。

三观有时候没有正误，只有一致与不一致。强行掰向一致，对双方来说都是一种消耗。

如今想想，最容易恋爱、最容易交朋友的时候，大概就是我们最年轻、幼稚、天真无邪的时候。那个时候要求很少，喜欢也没有那么多条条框框。你长得好看，我就喜欢你。你借我课外书，我们就是朋友。

从前我说大海很漂亮，你说淹死过很多人，我或许还乐呵呵傻笑着，和你手牵手跑沙滩边去玩。可现在，我说大海很漂亮，你却说淹死过很多人，我连和你牵手的欲望都没有。

但是没办法，我们一路不停歇地成长，我们的思想不会一直停留在看脸的阶段，所以忘了从什么时候开始，我们对交朋友和谈恋爱，有了不一样的要求。

有时候，人和人之间真的有很大区别，而三观不同的人，就像是来自两个不同星球的人，不管你怎么努力，都找不到破解彼此语言的密码。

所谓合适，就是听得懂、聊得来、愿理解，是你的快乐不缺观众，是你的故事有人能懂。你和谁谈了场无疾而终的恋爱没关系，重要的是找一个适合自己的人，这样在漫长的余生里共度也不会觉得费劲。

接受自己是个普通人，这件事很难吗？

特特的答案

有一种女孩，
既不是玫瑰，也不是百合，
既不娇艳，又不圣洁。
她是蒲公英，平凡、普通，
风一吹，连影子都找不到。

但那有什么关系呢？
平凡又不妨碍她努力，
普通又不妨碍她顽强。
重要的是，它有乘风而去的种子，
随时可落，随处可生。

一个人，如果能够自洽自己的精神和肉体，
那她一定很迷人。

请在右页写下你的答案

人生呀，

总是先苦后甜的

自律并不是什么新鲜词，说白了就是能够自觉控制自己的行为和情绪，集中注意力去达成自己原本的目标，而不受其他事情的干扰。

对于大多数人而言，说起来容易，做起来真是太难了。论文通常都是在截止日期来临时，才匆匆忙忙熬几个晚上拼凑完成。在这之前，是逍遥地看剧打游戏，约会逛街。

微博上有段很火的话：你可以追剧追一晚，只要你可以按时交上论文；你可以有丰富的夜生活，只要第二天你还能精神饱满地做好本职工作。放纵究竟是不是错，取决于你能不能为你的放纵负责。还是那句话，没有自制力的人不足以谈人生。

微博底下留言的人，无一不在哀号：膝盖中箭。

没有自制力的人，总是觉得时间还有，偶尔开个小差做点别的并不影响大局，直到期限逼近时才乱了阵脚，才意识到自己过高地估计了自己把控住场面的能力。

你看，若是在该出力的环节，你携带着懒惰落荒而逃，日后一定有加倍的苦头让你补上。

当你没有把时间利用好，时间便会惩罚你。当你提前透支了过多的安逸与享乐，最后追逐而来的加量的焦虑与崩溃，便是你应得的报应了。

为减肥下载的运动应用程序，你从来没有打开过。为英语考试买的词典，翻了几页后便被你闲置。你银行卡上的余额已经寒酸得可怜，你却用大把的时间追剧。你也想健身、阅读，做个灵魂有香气的人，偏偏窝在沙发上刷微博八卦。

是啊，年轻的时候，我们舍不得让自己受苦，总以为来日方长，现在偷个懒也没什么。慢慢地，你觉得每个人都比你幸运，只有自己最倒霉，你发现混沌和丧气成了自己生活的常态，始终不见好转，你对命运充满怨怼，嚷嚷着它欺负了你，把温柔相待都给了别人。

在你的工作量一拖再拖，心里还安慰自己“反正工作永远也做不完，明天再说喽”的时候，有人在积极寻找创意灵感；在你聊天、八卦、购物的时候，有人在为明天的会议认真准备着PPT；在你下班后无用的聚餐场场不能落下的时候，有人一边健身一边思考销售群体的需求……

但其实，可怜之人必有可恨之处，一事无成的人，必然有一个不自律、不自省的人生旅程。

我们从前说，当学生真好，有人催促着你快点往前赶，一个阶段过去了，下个阶段接上来，像沿着铁路走，不怕迷路，还有准确的列车时间表。

成年了以后，才明白一切真的靠自觉。要不断给自己定下目标，不能太低，否则无聊，不能太高，不然活得会很“丧”。在踌躇满志和自我否定中间摇摇摆摆，到处都是悬崖，稍不注意就会掉下去。动不动就感叹时间太快，机遇的车四处嗖嗖乱开，搞不好就一辆都没赶上。

山本耀司说过这样一段话：我从来不相信什么懒洋洋的自由，我向往的自由是通过勤奋和努力实现的更广阔的人生，那样的自由才是珍贵的、有价值的；我相信一万小时定律，我从来不相信天上掉馅饼的灵感和坐等的成就。做一个自由又自律的人，靠势必实现的决心认真地活着。

所谓自由，不是随心所欲，而是自我主宰。

在纷扰的世间，我们会面临很多诱惑，生活中也有很多事情要处理。如果缺乏定力和远见，不懂得约束自己，生活的方向就很容易失控，以致随波逐流，迷失自己，成为受外在牵制的奴隶。

我知道，这一路你总要面对迷茫和丧气、诱惑和牢笼、荆棘和野兽。但我希望你能记得，自律是你最好的武器，杀妖斩魔，开山辟路。

你只管好好管理自己，剩下的交给时间。它会淘汰那些对自己无限制宽容的人，这是最公平的。总有一天，你日积月累的力量，会带给你他人望尘莫及的光环。

人生呀，总该是先苦后甜的。

倘若一下子把生活的蜜罐打翻，倾倒在黏腻的甜蜜里，那等待我们的，必定是甜味尽散后，难以承受的酸涩苦楚。

唯有自律的人，才能厘清生活中的细枝末节，让其各安其位，稳当妥帖，串联起井然有序又自在轻盈的人生。

放不下过去怎么办？

特特的答案

一件非常神奇的事，

如果你勇敢地放下一些东西，

一些比它“好得多”的东西就会到来，

并填补这块空白。

放下你所执着迷恋的东西，

你将获得一个新的自己。

我这样说，你能放下了吗？

请在右页写下你的答案

真诚永远是必杀技

有些人将“爱情里，一旦认真你就输了”奉为恋爱秘籍，却不知爱情是很公平的东西，不走心就一定会输，都不用意外。

毕竟，爱情里所有的套路，最后都会输给真心。

关于爱情，人们总是有太多疑问和纠结。无论是在电视剧还是现实生活中，相信每个人都听过类似的对话。一个人拍着另一个人的肩膀说：“喜欢她就去追呗，我们帮你支上几招。”

“套路”这个词，或许就是这样来的吧，而且越来越流行，听得多了，自然也心领神会。似乎现在谈个恋爱，如果不会一点套路，根本不行。

在朋友圈里，许多人都是“高大上”的精英，上个月在巴黎购物，这周在台湾体验民宿，下周要去香港品尝甜品。出门必是豪车，自拍必是尖脸，转发必是鸡汤，回复必是高冷。女生都美到窒息，人畜无害，穿戴自己最贵重的衣服配饰，说自己爱好旅行，喜欢摄影，只读张爱玲。男生凹好造型，口若悬河，月入过万，有房有车，千金多才，准高富帅。

互相试探三百回合，诚意全看红包，欲拒还迎，欲说还休，以退为进……这些套路如果编成一本书，恐怕连《孙子兵法》都自叹不如。果然，“我走过最长的路，就是你的套路”这话是写实的。

在亲密关系中，有些人特别看重付出回报比，一旦在他心里没有达到平衡，就会觉得委屈、愤懑。所以我常常能听到情侣在吵架的时候，暴露出平时隐藏着的计较。

不知道从什么时候起，权衡利弊、功利算计成了谈恋爱里惯用的伎俩。没有纯粹因为互相吸引而在一起，没有纯粹因为你就是你而在一起，这种在心里时刻掂量着谁付出得多、谁付出得少的恋爱，想想都挺让人心酸的。

套路这件事，最大程度浪费了我们的情感，最终会让我们厌倦自己、厌倦爱情。

斤斤计较的人不适合谈恋爱，他们比较适合去买菜。用做生意的谋略来经营感情，以衡量得到的多寡来判断付出的深浅。这一场场“生意”里没有怦然心动，没有日夜思念，没有你侬我侬，有的只是利弊和欲望。即便可以换来一时的上风，却换不来感情的繁荣。

无论怎样的关系，一开始就选择真诚，一定是最聪明的做法。

你对他真诚，结果发现他辜负了你，没关系，还好你认清了他。即便是没有收获“结果”的爱情，认真的人也不会输得太难看，成为被前任格式化里的一枚碎屑，相反，他们会是对方心里永远都褪不掉的朱砂痣。不然，为什么当初那些“情场高手”会在无数次午夜梦回被黑暗的旋涡卷入无尽的思念时，大哭起来呢？正如那句话：多年后再见面，流泪的多半是当年那个狠心人。

请你记得，只有真诚才是必杀技，才是谈恋爱最有意义的套路。

人们对年龄的误解之一，
就是人到了 30 岁很多事就定下来了，
其实人生有很多重要的事，
在 30 岁以后才发生。

爱慕虚荣这件事

时代变了，再也没有谁为只想要更好的而感到羞耻。

我想起了自己工作的第一年，在生日的前几天，我询问一个“富二代”姑娘口红色号的问题，对方认识我长达10年，她知道我以前是那种土里土气的女孩。我说想买一支圣罗兰的口红送给自己，她回过来一串惊讶的表情，说亲爱的你变了耶，以前你对这些东西不感兴趣的。

我笑笑，其实我怎么会不感兴趣，对所有光鲜亮丽的东西，哪有一个少女是不爱的呢，但以前的我没办法拥有它啊，至少现在我用自己挣的钱，试着一点点去填满那种所谓的虚荣心。

这样看来，虚荣心并不是件彻头彻尾的坏事，相反，它给了像我这样普通的女孩一种上进的动力，是这种虚荣心在后面狠狠地推了我们一把，让我们变得更好。

有时候“平平凡凡过简单生活”的正能量，还真的比不上带着酸味的“凭什么她就可以，凭什么我不行”。是那些“我也要这样”的虚荣心，引领我一步步穿越那片带着荆棘的丛林，一步步地强大起来。

很多人活得豁达、大度，买不买奢侈品，进不进高档餐厅，一点都不影响他们的心态，但如果你恰恰是“小气”的那种人，其实也没什么不好。如果没有了“虚荣”，埋怨命运的不公平，讨厌自己的不完美，嫉妒别人站得高，很多的人大概只会原地踏步。

人如果过早就满足了自己，必定也走不远。

长大后的女孩子爱包包和高跟鞋，和小时候爱芭比娃娃、爱蕾丝裙本质上是一样的，都是想把心爱的东西捧在自己手里而已，都是少女心。但娃娃容易得到，奢侈品难买。

我们这里说的，绝不是用非正当手段来满足自己的虚荣，只是觉得，人的成长都需要动力，要快速成长为优秀的、出挑的人，你真的需要远比“期待、但愿、希望”更强大的力量。那些惊觉自己原来从未被上苍青睐的黑暗岁月里，推动你前进的，除了鼓励和温暖，还有一股悄悄藏在心底的不服气。

这些年，从手机到相机，从包包到鞋子，从重庆的火锅到巴黎的西餐，我“欲望清单”上列的东西，从来只增不减。你要说虚荣，我不否认，但我并没有刷爆信用卡，也没有“啃老”，更没有指望谁来送我这些东西。在一定限度的奢侈范围内满足自己的虚荣心，这让我觉得很开心，也很有动力。

谁不喜欢没有压力、轻松快意的人生呢？可是很闲的生活对我来说，终归是太单薄了，撑不起漫长的人生。我想要的太多了，多到我必须头顶很多压力才能得到，并且我愿意。

要正视自己的野心和欲望，选择出最想要的、最适合的、最值得争取的，并以此为前进的动力。选择什么样的生活其实只在于自己，而任何一种选择都要付出代价，只是要看自己愿意付出哪种而已。

所有的决定，到头来并非真正选择了哪一种幸福，而更像是选择了究竟愿意受哪一种苦。

现在的我，依然会感受到落差，依然有很多个不甘心的时刻。但我跟那个 19 岁时的自己不同了，我没以前那么难过了，我很坦然，因为我知道该怎么安置自己的那颗“虚荣心”。

世界从来不公平，现在是，以后也是。人生必须精进每一天，因为就算你一心只要最好，都无法百分百实现最好。如果你连一颗只要最好的心都放弃了，那么就别怪命运不公，节节败退。

爱慕虚荣没有错，为什么要掩饰自己想要最好的心？

你值得最好的一切，并且愿意为拥有最好的一切而全力以赴。就算你暂时无力负担一切最好，却不能不知道什么是最好，也不要放弃永远追求最好的心，依然怀揣着对最好的憧憬。

每一个用努力、用劳动去赚钱、去改变生活的人，都是一个发光体。能对自己负责，能为自己追求的生活付出努力，才是我们人生莫大的幸运。

誊一首你爱的小诗

谨慎“剁手”

现在的人很奇怪，有人花前月下，有人花下个月的钱。

“新穷人”这个词，概括了大多数初入社会的年轻人的现状。受过高等教育，外表光鲜亮丽，拿着看似不错的薪水，追逐中产的品位和生活方式，背地里却成为花呗黑名单候选人，他们容易产生“只要‘剁手’速度快，欠款就追不上我”的错觉。虽然已经工作几年了，但几乎没有积蓄可言。

一篇报道曾对现代人的生活状态做出总结：能买吸尘器就不用扫帚；吃完牛油果又要吃藜麦；100块钱一张的面膜用起来也不心疼；口红两三支不够，要集齐全套；租房得租独立厨卫，还要带落地窗的房。

追求美好的生活本没有错，最怕这所谓的美好，是一戳就破的表象。

这是当前社会的通病，从实体店到网店各种慢性洗脑：犒赏自己、文艺范儿、享受当下及各种充满小资情调的宣传，让很多人误以为生活就应该是那样，不能认清自己、找准定位，盲目跟风，误以为自己跨入了与众不同的圈子。

精致、仪式感、爱自己是如今各大销售平台惯用的营销手段，告诉你快来买，买了就是投资自己，用了就代表精致，晒了这些就代表你已经超越了同龄人。

人们热衷于在社交网站上晒出自己精致的生活，以此来满足自己的炫耀欲。想传达的不是“我买了一个商品”，而是“我有消费名牌的经济实力”。即使买这件东西攒了很久的钱抑或分期购入，都不重要。

习惯把物质抬到过高的位置，过于看重“被大家看到”，来标榜自己生活得很好，美其名曰“生活需要仪式感”，然而这些充其量不过是戴上虚伪帽子的“伪仪式感”。

到底是自己真正过得舒适重要，还是活成别人眼中精致的样子重要，很多人已经无法分辨了。

即使是暂时地沉浸在眼前五光十色的生活假象里，过不了多久，也会被现实狠狠地拖拽出来，打回原形。

潮流永远属于年轻的穷人，精心打造出来的美好，或许能让不明真相的人羡慕不已，可戳破虚假后，只有自己知道真实的生活有多糟糕。

这种所谓的精致，所谓的仪式感，其实只是一种假象、一种作秀罢了。

生活需要仪式感，这一点错都没有。但真正的仪式感并不仅仅是代购几套大牌护肤品，买了美妆博主推荐的口红，在网红餐厅拍下几张照片，在落地窗前发呆那么简单的事。

人生没有多少诗意，生活是一张琐碎的网，我们在各种细碎的东西上编织美好。精致并不会高于生活，它是插播在生活中的一个个精彩的节目，它应该是源自内心，融入生活的。

真正的仪式感是将平常、细碎甚至有点糟糕的生活，过得认真而讲究，过得开出花来。

这才是精致本身的意义，看上去光鲜亮丽，私底下妥妥帖帖。

我非常赞同一句话："真正的生活，是在能力范围内享受到最好的，比平庸更讲究，比奢华更自由，不必等到一切准备就绪，但也不能透支未来。"符合收入状况的、简约的消费观也能做到体面的精致，也能把生活过得有滋有味，大方得体。

精致是处心积虑地照顾自己，不用名牌堆砌，没有矫情做作，全是由宠爱自己的小细节集结而成，精致点滴与生活一气呵成，融为一体。

有时候生活只是给你一个假摔，
你真的不必灰心，
不必浇灭所有热情。
任何时候，口红都比纸巾更重要，
有浪费纸巾擦泪的时间和力气，
不如好好补个妆，重回战场。

恋爱和头发都越来越少

现代人对待爱情这件事，其实挺犯懒的。

“80后”忙着带娃，“00后”忙着谈恋爱，“90后”在中间，两头都不碰。到了一定的年纪，就得逼着自己变成那个屋檐，再也不能找别的地方躲雨。

如今，大家已经不会轻易付出真心了，不是因为不喜欢，而是相对于喜欢来说，更想好好地保护自己。在经历一段又一段恋爱后，对爱情的渴望并没有以前那么强烈。身边人来人往，真正走进内心的可以说是零。被人暖一下，能热两秒，被人冷一下，就彻底结冰，都在感情和理性、付出和所得之间找平衡。互相寻找，彼此逃避，像是一场交织着激情承诺和迅速脱身的芭蕾。

来了就来了，不来也罢。已经过了那种收到一个“晚安”能甜蜜激动半天的时候，开始学会考虑以后，权衡利弊了。

也许这就是大人的感情吧，放在天平上小心计量，你给我几分，我还你多少。

“非常非常喜欢一个人，喜欢到不和对方在一起生活好像都没有意义”的状态，或许一生只会出现一次。这是一种情绪体验的巅峰时刻，一旦过了，急转直下，人会陷入一种平和的失落。

极致的心动是限量的，你或许已经用掉这次机会了，或许这辈子也用不掉。

我们这一生中也会遇到很多人，有些来一阵子，有些来一辈子，谁都不是预言家，没有谁一开始就能猜中结局。《大鱼海棠》里有段台词说：“我们这一生很短，我们终将会失去它，所以不妨大胆一点，爱一个人、攀一座山、追一次梦……不妨大胆一点，有很多事没有答案。”

哪怕冲动，也就是后悔一阵子，但要是活得太怂，就会后悔一辈子，而我们有且仅有此生。比起失去和别离，从未拥抱更让人难过，不是吗？

想爱的时候用力爱，有酒的时候就去喝。未来的路这么长，走错几步也无妨。人生是一场接替一场的未知冒险，谁也不知道未来会发生什么。一辈子那么长，输几场没什么好惧怕的。

赌球你都敢下注，输到天台见也不肯认输。面对爱情的时候，怎么就犹犹豫豫像个懦夫了？人生有些选择题，永远无法绕过去，你不能因为害怕失去，就不去拥有。

其实是想告诉你们，“爱无能”这种病不需要治，哪怕它是单身过久诱发的现代疾病，哪怕它被各种条件捆绑住。等你真的遇到那个人了，阳光微暖，樱花飘落，自然药到病除。相爱相处或许是一种能力，爱上某人却不需要能力。

爱是不需要演习的，你也不需要每天思考“我到底该喜欢什么样的人”“那个人出现的时候会是什么样子”。当那个人来到你面前时，你心里就会像被什么东西敲了一下，“叮”，心里想“好啦好啦，是他了”。

我之前一直觉得自己年纪不轻了，不再相信无缘无故的爱，希望喜欢我的男孩子把喜欢我的原因一条一条列出来。后来才发现，能有什么原因呢，喜欢就是莫名其妙的，是你自己都没办法解释的东西，是“别的都不管了，我先豁出去爱一场”。

别想那么多了，喜欢一个人是一件多么有意思的事，要什么法则呢，何必非要探究所以然呢？毕竟，与有情人做快乐事，别问是缘是劫才对呀。

嘿，祝你在漫长的岁月里，总有一次，爱得尽兴，那一定会把你从人生的无趣里打捞出来。

爱应该是坐下来，
一起瘫成两块安心的五花肉。
不需要高谈阔论，
也不需要指点江山，
你顺向抚摸我的脊背，
我转身挠挠你的肚皮，
一起度过琐碎平凡但热腾腾的人生。

别人的怜悯从来就没有真正的疗愈作用，

还难免带着少许嫌弃的敷衍。

破碎的生活，

要靠你自己一片片拾起拼凑。

珍惜目前随时随地能分享的关系，

因为很多时候，

都是对方的及时回应，才让你的快乐加倍。

拥有不一定是好事，除非你能一直拥有。

到目前为止，

你已经从所有你以为过不去的坎儿中，

幸存了下来。

任何关系，预设长期都是不现实的。

想和一个人长久地做朋友或者和某人共度一生，

都不如自然地相处。

命运把你们带到哪里，就是哪里。

不要太执着于人与人之间的关系，

经久热闹的陪伴是不可求的，

能够有过一段彼此照亮的路，

已经是一种馈赠了。

一扇不愿意为你开的门，

一直敲是不礼貌的。

这世间所有的不尽如人意，

都没你想得那般无能为力。

后来你才发现，

熬夜是缓解压力的一种方式。

爸妈睡了，孩子睡了，

老板睡了，竞争对手睡了，全世界都睡着了。

你用这好不容易偷来的时光，

赶紧做点自己喜欢的事。

长大不是逞强，

而是你的内核逐渐稳固、坚毅。

不要害怕受伤，

因为生活的苦难从来不会因为躲避而消失。

永远喜欢鲜花，喜欢仪式感。

喜欢惊喜扑面而来的感觉，

也喜欢每天过着普普通通却又闪闪发光的生活。

希望我们都能在快餐时代里，遇到小火慢炖的粥。

慢慢来也没关系，

爱是一遍又一遍地重复不同瞬间的心动。

男人固然要有担当，

女人也不能逃避成长。

长久的感情，

不是绝对的独立自主和绝对的被对方照顾，

而是在两种模式之间来回切换。

当你的实力不如另一方的时候，

还期待对方来拯救你，

这不是爱情，这是想得美。

50封女孩们的私信／上篇

你时常问，我永远答

1

Q：留学回国工作以后，感觉和爸妈沟通变得吃力，互相不理解。

A：你的妈妈可能温柔，可能唠叨，但不管到什么时候，她不懂你都是正常的，因为她一辈子都生活在她的圈层里，她没有机会去见你见过的世界，更没有机会体验你有幸体验的人生，所以希望你努力变优秀，对她有耐心，带她去见识世界的多元，而不是站在她有限认知的外面，去指责她的狭隘。

同样，你的爸爸或许固执，或许乏味，曾经在你眼里是能够搞定所有麻烦的英雄，可如今超能力貌似也消失了，你会明白，爸爸终究还是凡人，也有他搞不定的、卑微的、遗憾的事情。他之所以看起来还在撑着这个家，是因为他必须以“父亲”的身份站在你面前。

2

Q：参加户外露营认识一位男生，他会提醒我天气降温，叮嘱“开车注意安全”，还会跟我分享一天中遇到的趣事，我也是第一时间回复他。我们经常微信聊天到凌晨，互道“晚安”，周末也会约好一起看画展、去动物救助站。这样的状态持续三四个月了，他还是没有正式表白。特特你说，暧昧能修成正果吗？

A：暧昧这事吧，其实是挺浪漫的。

如果有人能做到持续暧昧下去也挺厉害。但恋爱本身就像一株植物，发芽、开花、结果、枯萎，循环往复。我们得接受暧昧的消亡和冗长的平静。

如果只是为了追求最开始的刺激、新鲜感和自我优越感，那无论换多少人，都是在把同一件事情重复很多遍而已。时间一长，浪费的是自己的情感成本。

所以我想，暧昧能否修成正果，看缘分，看造化，更看你们两个人的心意。不要怀疑爱情，有问题的是人，不是爱情。

3

Q：特特，我 35 岁依旧单身。每当想到不幸的原生家庭、一团乱的生活、破碎的自己，突然就不怨了，爱我的人要一片一片捡起来将我拼凑完整，实在是太辛苦了。

A：爱你的人会美滋滋地，边捡边喃喃自语：“太好了，这一片是我的，那一片也是我的。”

4

Q：既然无法保证赢，还要那么努力干吗？

A：可人生就是这样啊，谁都无法保证我们所有的努力一定能指向一个确定的结果，但在努力的过程里，我们已经在逐步剔除、减少靠近目标路上的不确定因素。

你接受的教育越多，就越容易分辨是非好坏，有机会重塑自己的三观。你身边的人素质越高，就越珍惜自己的羽毛，不那么容易作恶。你拥有的资本越多，选择权也就越多，遇到糟心的环境和“渣男捞女”，才能潇洒起身说句“不奉陪”。你走得越高越远，就越有可能遇到那个能帮你排除错误选项的人，也越有可能获得破解迷雾的智慧。

这才是你值得为之一搏的概率。

5

Q：我是一名大四毕业生，昨天和老师同学拍了毕业照。特特，回忆该如何保存？

A：听过“普鲁斯特效应”吗？是指当你突然闻到曾经闻过的某种味道，就会开启当时的记忆，气味才是时光机。

所以，每瓶香水其实可以留一点点，没必要喷到底。很多年以后再翻出来，洗澡后在手腕和耳后喷几下，换双小白鞋下楼遛弯，仿佛走在那年夏天的时空里，多好。

6

Q：人和人之间只有一段路的缘分，是不是很可惜？

A：有些事情就是这样，情感会消散，爱可能会变成不爱，但总有一些东西是会留下来的。

很久以后，你再回头看，那些对方给你带来的好的影响都还在自己的身上闪着光，就不枉相识一场。我以前也质疑过“但愿人长久”，一路告别、舍弃，做一些不得已的选择。但我现在不这样想了，月亮不属于任何一个人，但某一刻，它的光确实照亮过我。只有一段路的缘分，已经非常幸运了。

7

Q：为什么真诚的人遇不到真诚的人？

A：两片相同的拼图，不能拼到一起也不奇怪。

8

Q：喝了那么多“鸡汤”，怎么活得还是那么“丧”？

A：当你把时间和注意力放在自己向往的事情上，为自己的生活真的积极起来了，就像在心海里装了一根定海神针。无论外面怎样惊涛骇浪，乌烟瘴气，你都能向着自己心中的愿景，按照自己的节奏，持续地去行动，去坚持，接近目标。这样的你，才能活得一点都不“丧”。

9

Q：跳槽到新公司，厌烦社交，不想跟同事们沟通。

A：人是独立性和社会性的统一，你需要有实力，以区别自己和他人。但也需要懂人情，才能融入更大的群体。栽在梨园里的苹果树，也要努力结出苹果。除非你遗世独立，不食人间烟火。

10

Q：人们为什么能忍住不联系想念的人?

A：有些联系一旦断掉，就再也没有勇气拾起来。

11

Q：他做什么才能证明我真的遇到了对的人呢?

A：什么都无法证明。感受当下就好，问问自己的心。毕竟唯一不变的就是人在不停地变。

12

Q：美貌的红利，能吃多少年?

A：很难回答你具体多少年。美貌作为加分项，乘以别的能力，会让得分翻倍。如果把美貌当成全部筹码，没有丰富的内心和练就的本事作支撑，它给你人生带来的滤镜，碎得比你想象中还要快。

13

Q：求职第四个月，还是没有满意的结果，感觉自己走进一段黑黢黢的路，不知道什么时候才能看见光亮。

A：不要把一时的不如意当作大结局。没有谁的生活是完全顺利并且绝对美好的。生活从来都是福祸相倚、好坏并存的，有暴雨就有晴天，有荆棘就有鲜花，不要担心也不必焦虑。

当你深陷低谷，时运不济的时候，也是你即将迎来高光的时候，因为老天总会把好的东西放在苦难的另一边。

14

Q：特特，有什么恋爱忠告可以分享吗？

A：恋爱可以，但恋爱脑不行。恋爱是生活的一部分，绝对不是全部。打个比方，比如你是张馒头，遇见他以后，你可以是可爱的张馒头、柔软的张馒头、热气腾腾的张馒头，但你不能变成张馄饨、张水饺、张包子。

15

Q：要多漂亮，才能被爱？

A：吃了那么多女明星被辜负的“瓜”，你还不明白吗？他不爱你的时候，你美得像天仙都没有用。被爱的前提不是漂亮，被爱是缘分。

16

Q：特特姐，怎么才能拥有松弛感？好像拥有松弛感的女生更高级，更受欢迎。

A：宝贝，没有足够饱满的人生，哪来的松弛感？要么出身富裕，要么功成名就，拥有的足够多，有足够抵挡风雨的能力，才能高枕无忧，才能姿态好看，波澜不惊，不争不抢。生来就为学历、职位、买房而冲锋陷阵的人，哪来的松弛感呢？

不要看网络上那些“有松弛感的女生才是最迷人的”“跟有松弛感的人谈恋爱有多甜”“你离真正的美女只差一点松弛感”洗脑鸡汤。好像不懂松弛感，就不配拥有自信，就不够优秀。松弛感是一种结果，是你一路走来，生活给你的一份小礼物。在阅历、能力充足，经济自由前，不必纠结自己是否有松弛感。没有松弛感，为了想要的东西风尘仆仆，并不可耻。

17

Q：默默喜欢、陪伴一个人七年了，有时候觉得自己傻，有时候觉得自己伟大，呵呵。

A：默默喜欢、不求回报这件事很伟大，但真心建议不要做，你要的是爱，你要伟大干什么？

18

Q：很好很好的朋友之间也会有嫉妒吗？

A：友情的可贵，在于那个人是你选择的没有血缘的家人，但有爱不代表没有竞争。我们要允许友谊里不是只有甜，还有竞争和比较。在“我不希望他比我过得好”这种敌人心态的背后，其实是害怕自己不够好。切记，当爱与竞争面对面时，不要让竞争占了上风。

19

Q：姐姐，你说失恋有什么意义吗？

A：我被这个问题问住了，对大多数的女孩来说，失恋后很可能出现两种情况：一种是陷在情绪旋涡里无法自拔；另一种是找一些方法催促自己赶紧度过最难熬的时段，快点忘掉前任开启新生活，却很少有人提及失恋的意义。

只要是付出真心的感情，走到尽头，谁都不好受。哪怕你曾经所托非人，但付出的爱没错，切记不要否定自己。哪怕你再难过，你曾经的爱也不是假的，不要总是盯着爱的痛苦，也应该学会记住曾经的那些甜蜜。毕竟，感情的消失，就好像冰箱断电之后，里面的食物变质了一样，冰箱没错，食物也没错，只是不来电了。

有些感情，就是用来经历的，不是非要有个结果，才算“结果”。

20

Q：老板经常要求加班，一点不顾及员工们的感受，真是受够了！

A：不妨先做出点成绩，再去强调你的感受。

21

Q：前任回头找我，我不知道该不该答应。

A：过了期的情感就像是开罐太久的可乐，味道可能尚在，可那股一下子就让人鼻腔一爽的感觉却再也没有了。其实，我们都懂的，时过境迁，有些错过真的不可惜，有些人真的不必太想念。

22

Q：暗恋一个人两年，想去表白却没勇气，怎么办？

A：也许谁都成不了踩着七色云彩的盖世英雄，但若真的爱了，还请你爱得奋勇一点，别枉费丘比特射中你的一番美意。

23

Q：想要找一个有钱的男朋友，这有错吗？

A：没错，我也想找。我们当然可以“希望男朋友有钱”，这没什么错，更不犯法。但是呢，想要在感情里坦然接受两个人的经济互动，最好的选择还是做各自都很有钱的人。

24

Q：和最好的朋友渐行渐远怎么办？

A：我曾经给我的闺密写过这样一段话：

我希望你能够在最好的年纪做最好的自己，永远都能开心，谈恋爱开心，单身也开心，不要委屈自己，如果以后的日子里见不到，我会记好我们曾经那些有趣的事情，见面时互相倾诉，互相温暖。但愿我们各自忙碌的时候都能照顾好自己，过好快乐且充实的生活。

想我了，就打电话找我，发消息给我，甚至跑来找我一起出去嗨一场，都可以。我没什么温柔的话语，但只要你奔向我，我一定会先给你一个超大的拥抱。不管多久没见面，我们彼此都还是老样子，脾气差，说话大声，不注意仪表，可是永远笑得那么开心。

如果哪天我们之间的关系没有以前好了，也不要惆怅，也许大概是人之常情罢了。毕竟在不同的地方，各自都在忙于学业，结识新的朋友，旧的友情变得疏远也是常态。人与人之间的关系原本就很浅薄，稍不留意就会可有可无。一起走过的路本来就很珍贵了，无论怎样，还是会觉得很高兴认识当初的你。但我还是希望我们的关系能一直保持当初那样好。

25

Q：给他发信息，总是发十条回复一条，他是真的忙，还是不愿意理我？

A：这是一个人人手机不离手的时代，他要是想回你信息早就回了，不回复就已经是答案了。

脸上笑嘻嘻，心里“去你的”

长大是一件扫兴的事。

从前我们是爱哭的，喜欢依靠别人，如今呢，总是对着世界摆出一副冷冰冰的扑克脸，变成了习惯硬撑的大人，心里做好了各种高度警戒，用来应对各种妖魔鬼怪和突如其来的恶意。好处呢，是我们终于学会了坚强，学会抵御生活里一切的不善。坏处是，时间一长，你会忘了扑克脸上有爱上扬的嘴角，变得冷漠和麻木。

成年人会做一些假装自己不在意之类的蠢事，然后在某个情绪堆积的夜晚，抱着沾了泪水的枕头一起入眠。内心沙尘暴卷走了一座又一座城市，残垣断壁又被海啸冲刷，心碎成了沙子，就算捡起来都根本没法拼好。

这种程度，说出来的却是“没什么啊，怎么了？”，就像小孩子要不到糖果，看似没什么大不了，实则会在心底大哭一场。

承认吧，我们都是在深夜里崩溃过的俗人。没有哪一趟险途不是让人遍体鳞伤的，考研失败、四处求职无果、工作上替别人背了黑锅、一个人深夜顶着高烧去医院打吊瓶、相恋多年的人说不爱就不爱了……

太多暗黑时刻，泥石流一般扑过来，让你满心苦涩。哪有什么十里洋场、风花雪月，光是生存，就已经让人筋疲力尽了。

但我想，上天为我们安排这些磨难与挫折，并不是想考验我们能否一笑而过原地满血复活，太多的经历我们都不可能睡一觉之后便从容面对，这些磨难的安排其实是让你学会去承受痛楚。

无论你在那些突如其来的艰难到来时如何咬紧牙关，总会在某一个瞬间觉得难以抵挡。没关系，你可以在没人的地方痛哭一会儿。与其为过去的人和事折磨损耗自己，不如好好哭一会儿，然后拍拍裙摆上的灰尘，继续往下一个路口奔跑。

有时候拥抱负能量，是比宣扬正能量还需要勇气的。因为清楚地知道自己不会被一时的痛苦打倒，即使被痛苦没过头顶，也清楚地知道，悲伤之后，依然可以像从前一样地站起来。日子还要继续，悲痛总会过去，你终究会自己走出来。

这样的自信，是一个人不逼迫自己逞强的底气。

难挨的日子里，乌云在头顶上行走，无论奔跑、蹲下、闪躲，都没有阳光。但是，人生需要自带希望，坚定不移地认为一切都会好，心灰了，就什么都好不了了。

天上有光，会照你身上，你心里有光，就会照在天上。

有一天，当你度过了一切惊险，获得安稳时，你会发现过往的一切意外或许只是虚惊一场，那是包括“失而复得”“有惊无险”“劫后余生”所有值得庆幸的事，比起“兴高采烈”“五彩缤纷”“一帆风顺”都要美好百倍。

生活是一场修行，如果能够承受巨大的失落，看着美好被岁月和生活消耗，还能在这样的现实中，保持对生活的热爱，才是真的长大。

当有人提出要独处一会儿的时候，
请不要以为他在摆架子或发脾气，
他仅仅是累了，
需要充电。

别踮着脚尖爱一个人

一个人若是心里有你，你根本不必讨好；若是心里压根没你，那更加不必。卑微的爱开不出花来，却能滋长肆无忌惮的伤害和不知好歹的猖狂。

不对等的恋爱关系，说到底都是深情的那个人赋予对方的权利。爱情虽然没有绝对的公平，但严重失衡一定是不会长久的。不想下半辈子都活在自卑的阴影里，就赶紧远离不懂得欣赏你的伴侣。

赵姑娘一米七的身高，虽不是细腰不堪一握，但也是匀称有型。有次和男朋友一起逛街，赵姑娘满心欢喜地穿了一条很衬肤色的红色吊带连衣裙去赴约，对方看到的第一眼，说了句："原来你喜欢这种土气的颜色啊。"这条裙子赵姑娘再没穿过，被她挂在衣柜最里面，并被她在心里贴上了"羞耻"的标签。

由于工作压力大，赵姑娘的额头上偶尔冒出几颗痘痘。对方便一脸嫌弃地问她，可不可以下次见面之前化好妆。

一姐妹怯怯地问道："这哥们儿不是在玩幽默吧？"

赵姑娘犹豫了一下："我也不知道，可他昨天还批评我背的包包难看，口红色号不适合我。不管是不是真的，我心里真的不舒服啊。"

我实在是听不下去了，忍不住打断："人家嫌弃你都这么明显了，还问真的假的。"

姐妹们一下安静了下来。

恕我直言，这种喜欢用语言暴力打压你来获取自我优越感的男人，你离得越远越好。

对方喜欢齐耳短发，赵姑娘剪掉了心爱的长头发；对方喜欢打游戏，赵姑娘盘算着给他买个什么款式的鼠标和键盘，能让他玩得更灵活；对方喜欢运动鞋，赵姑娘托朋友从美国直邮一双限量版球鞋送给他……

尽管她做了这么多事情，对方对她依旧是不冷不热的态度。在朋友面前，还摆出一副高高在上的模样。

几个月以后，赵姑娘对我说："我决定分手了，我觉得自己好累好累，像是快要窒息了。"

我想，赵姑娘一定是彻底寒了心，才知道什么叫作"自作多情"。

永远都不要踮起脚尖去爱一个人，一开始就重心不稳的感情，迟早是要垮掉的。与其厚着脸皮，忍着性子去取悦一个不可能爱你的人，还不如忍着痛放手，来成全他也成全你自己。

别再信“不放手的才叫真爱”“爱一个人就是要卑微到尘埃里”这种话，在现实的爱情里，即便是你卑微到尘埃里，也开不出一朵花来。

爱情不是一件通过努力就能实现的事，你再怎么取悦迎合也填不满感情的无底洞。爱情很美，世界也很好，但如果你身边站错了人，那你的全世界也就错了。

父母辛苦将你养大，可不是为了让你在一个男人面前委曲求全、痛苦不堪的。你在父母的宠爱里长大，你要找的，也是一个能给你呵护，懂得欣赏你的人。

你只有在这样的感情中才能真正成长起来，通过这样的感情来感受到这个世界的美好，他会让你懂得如何看清自己，进而完善自己，变成越来越好的自己。

感情里大家都明白“实在不行就算了”，只是通常很难解释什么叫作“实在不行”，对有的人来讲，不能受一丝丝委屈，如有怠慢，便是不行，而对有的人来讲，哪怕忍无可忍，亦觉还行，尚可再忍。

姑娘，你喜欢的人也是凡人，是你的喜欢为他镀上金身。切记不管你爱上谁，都不要在感情中忽视了自己的内心，忽视了自己在这段爱情当中是否真的获得了快乐。

不执着于被爱，
把去爱的权利和掌控感还给自己，
是每个女孩成长的必经之路。

如果你爱我，
那你真有眼光；
如果你不爱我，
我只会说“没关系”。

无趣像一种绝症，
连知识也解不了它的毒

我们每个人多半的生命力，似乎都耗在修炼成熟优秀的内功，以及与世界的死磕搏斗中。一不小心就会被生活磨成一个无趣的人，自己却还浑然不觉，依旧过着乏善可陈的日子。

从来都被教导要做一个优秀的人，要腹有诗书，要仪态万方。可从没有人告诉过我们，如何去做一个有趣的人，将这无趣的世界活成自己的游乐场。

工作、赚钱、地位等固然重要，但是生活才应该是一个人全部的事业。真正奢侈的生活跟你是生活在都市还是城乡，吃进口食品还是田间青菜并没有太大的关系。

因为有趣的人不一定读万卷书，但是他们的内心是丰盈的，即便是住在临时板房里，依旧有搭个花架种几盆花的情趣。他们不一定行万里路，但凭着一股子对生活的炙热与好奇，总能把普通的日子折腾得热气腾腾。

你这一辈子过得开不开心、满不满意，不在于你生活在纽约还是巴黎，而在于你有多少激动人心的故事，有多少个热爱生活的瞬间。

在这个如林的世界里，永远不缺少各式各样的人，可唯独有趣的最难遇到。和有趣的人在一起，不需要饭菜下酒，有他的故事就够了，可饮风霜，可温喉。

如果一整天你都为自己的生活付出心意，学会了规定的单词，读完了必读的书，收尾了工作，写完了稿子，签约了合同，锻炼没有偷懒，没有忘记浇花……那么，当你遇到态度不好的出租司机，多收钱的菜店老板，排队加塞的无良青年等，基本也会一笑置之。

因为生命要浪费在美好的事物上，你该有你最恰当的定位和最精彩的人生。

不信你看那些光芒万丈的姑娘，哪一个是楚楚可怜仰面等待王子来吻醒、依靠男神来拯救的？

那些能把爱情经营得有声有色、风生水起的女子，一个人的时候也绝不是凄凉孤苦、自怨自艾的。她们在独自生活的时候就保持了制造新鲜和乐趣的能力，所以她们的爱情，不是苦兮兮的“没你不行”，而是笑呵呵的“有你更好”。

好的性情比好的外貌重要，反思自我比洞悉对方重要，修养品德比掌握技巧重要。对于获得更多的人生满足感而言，成就一个自强独立的自我比成功地维系一段亲密的两性关系更重要。

无论你将来会遇到一个什么样的人，过上一种什么样的生活，生活都是先从遇到自己开始的。

休息这件事，不是要你一直在家睡觉。
去做一些自己感兴趣的事，
生活没有解药，但止痛片很多，
比如跑步、健身、阅读、养花、看展……。

记得培养一些看似无用的爱好
来支撑生活的疲惫，
哪怕是随手拍拍路边的花草，
都是你给自己充电的小办法。

18 岁到 28 岁

人生有许多个 10 年，可我总觉得 18 岁到 28 岁这 10 年，是我人生的基础。

每个人都有过失恋、失业的经历吧？躲在家里喝得烂醉如泥，整整哭了一个月，像个傻子一样不断地自我怀疑，为什么那个人不喜欢我了，为什么那个公司不要我了，为什么生活好像只跟我开玩笑？找不到出口，蜷缩着身体，很冷很冷。不知道还要熬多久，不知道还可以坚持多久。

像有人拿着刀子在你的心上恶狠狠地划了几下，没有人知道你会有多疼，你只要想起来就会颤抖。那个阶段你或许每一天都过得浑浑噩噩，失去了那些人，失去了那些事，就好像失去了整个世界。

直到有一天，你看到他在微博上晒了一张新女朋友的照片，也发现身边的好朋友刚刚升了职，你突然发现在这段时间里，给了自己太多太多的内心戏，将自己折磨得痛不欲生，而其他人的生活都在按部就班地向前走着，自始至终就只有你一个人还停留在原地。

20 岁出头时，你稚气未脱，成熟尚早。这时的你元气满满、能量爆棚，错了就改，跌倒就爬起，你不知道什么才是正确的人生，即便四处碰壁，但你似乎并不害怕，对未来既迷茫又渴望。

27 岁，你心性渐熟，面临催婚。亲戚在聚会时，会有意无意说起你该考虑结婚的事。初入职场，发现自己的情商和能力似乎都一般般，有时候难免心慌，到底还要不要坚持。

30 岁，不知该如何形容这个阶段。有人结婚生子，升级做了爸爸妈妈，聊的是孩子的兴趣班该如何选；有人少年心气不减，不在外面闯出名堂绝不回家，说起自己负责了新项目，眼里带光；还有人身上的刺一根根地被拔掉，周身浑圆，悲或喜都能不动声色。

于是某天失眠的凌晨，你忍不住发出感叹：原来长大这条路，不好走。

这个世界上不只你一个人有低谷期。每个人都有自身的局限，在漫漫的人生长河里，老天不会饶过谁，每个人都要被迫经受不同的挫折和伤痛。不信你去情感博主的评论里看看，每一条的苦都够我们怀疑人生的。

命运总是变着法子去考验一个人，它总会挑一个时间段，把你丢在一个冰冷的、氧气稀薄的地方，让你不得不拼命地大口大口呼吸。感觉整个人蔫了、丧了，不想哭也不想倾诉，好像脑子生了锈，手脚罢了工，倒霉起来连喝凉水都塞牙。可是生活又有什么胜利可言，所有的成长不仅痛，还鲜血淋淋，因为成长注定是一场自我的摸爬滚打。

人生很多时候不是故事，而是一个个的事故。不过命运大多如此，但如果这样都没有弄死你，那它就会把你带到更暖、更明亮的地方去。

在这个不知所措的年纪，一切都那么不尽如人意。于是我们会领教世界是何等凶猛，如果你现在过得不是那么顺心，那么恭喜你，或许你正走在人生的上坡路上。

别人的怜悯从来就没有真正的疗愈作用，还难免带着少许嫌弃的敷衍。破碎的生活，要靠你自己一片片拾起，拼凑完整。

你并不是负能量的人，
只是容易伤心的小孩。
敏感和悲观，并不是你的错，
你已经很棒了，
不需要去跟别人比较，
朝前看，好运会来的。

赚钱，是给自己谋胆

我在一篇文章里读过这样一段话：

如果钱不重要，那么为什么那个在聚会时提前找借口溜走的姑娘，纤纤背影和柔亮的长发在刹那间变得黯淡又可怜？如果钱不重要，那么为什么那些深受婚姻之苦的女人，就算姿态难堪，夜不能寐，也不肯离开多金的丈夫？如果钱不重要，那又为什么有人在诗和远方谈情怀，有人却只能挣扎于眼前苟且，数着日子等待发工资？

穷困带来的最大的痛苦，是根本没有选择“要”或者“不要”的权利。摆在面前的只有一条路，那就是要不了。

朋友说：“你好好一个文艺青年，不要总提钱，俗气。”

“可，钱是我的胆。”

对于普通人来说，我们赚钱，等同于在给自己谋胆。

做自己、随心活，甚至是放空偷懒，都是需要资本的。凭借自己的努力和价值换取金钱，任何人都没有理由和借口来无端指责。

别以为爱钱很俗气，我们活在尘世里，为了生活撒腿跑起来，尘土飞扬，都一样的。

关于精神世界和物质的关系，我曾经看过这样一段话：精神可以支撑物质，它是人的信仰；但物质的节节高升，也能够带来精神世界的更高追求。归根结底，金钱是手段。

这世上唯有自身的能力和银行卡里的积蓄永远不会背叛你。你不会因为没钱而陷入窘境，也不会因为买了贵重的衣服鞋子而担心下个月的生活费，因为你赚钱的能力能够为你的消费水平提供保障。

努力赚钱，不只为了昂头走进奢侈品店不露怯，更是为了拥有可以对不喜欢的人和事说“不”的底气，远离你不喜欢的圈子，远离那些消耗你的人，可以更多按照自己的想法来活。

努力赚钱，不再和陌生人挤着合租，拥有一间属于自己的房子，或许不必很大，可以添置自己喜欢的物品，即使每天上班远一点，也甘之如饴。

有些东西，你富裕了不一定能得到，但如果你穷困，真的就只能想想了。

我真的不想一辈子都过买东西要先看看价格，日子过得紧巴巴的生活。更不想在我家人万一生病住院急需用钱的时候，因为少得可怜的存款，而让他们忍受病痛。

我的外婆是肺癌去世的。去世前因为年纪偏高而不能动手术，医生建议保守治疗，其实所谓的保守治疗就是长期服药。抗癌药费用高昂，每次听见家里人讨论老人用药费用的事，我心里都特别怕，怕因为没有足够的钱让本就瘦小的外婆受癌症折磨。每一次外婆咳血，我心里就流一次泪，总觉得如果使用更贵更好的抗癌药或许能减轻外婆的痛苦。

钱这个东西，在很多事上，或许你心态好一点，多多少少可以没所谓，但在亲人的疾病面前，钱就是命。有人说，凡是能用钱摆平的事都是小事。说这话的大多是有钱人。对穷人来说，凡是需要花钱解决的事，都是天大的事。

我爱钱，想努力赚钱，没什么“高大上”的理由。无非是让自己和家人活得更好，去渴望的地方，爱渴望的人。而这些，都需要钱。

这算不上励志，因为这理由太普世，人人都是如此。

旅行图书畅销，旅行综艺收视率飙升，一句“世界那么大，我想去看看”撩拨了情怀。越来越多的年轻人以“再不出去看看就老了”为口号，迫不及待地想要立马来一场说走就走的旅行。

我相信，世界很大，也的确值得我们去看看。但是出走和到达的前提，是有资本和条件。那些含着金汤勺出生的幸运儿就不说了，大多数为生活奔波的普通人，应该问自己三个问题：我有资本吗？物质得到保障了吗？旅游回来一段时间内的资金空缺怎样才能补上？

所有你想得到的美好，都是需要付费的。

星辰和大海，是要门票的。诗和远方，路费也很贵的。当你还没有达到谈诗和远方的能力时，请在当下好好努力，因为很多事真的离不开物质支撑。

钱买不来所有的快乐，但钱能在你和快乐之间搭上一座桥，让你踏踏实实地走在上面，走向另一端的美好。

好希望不久以后，当别人质问我："你不就是有点钱吗？有什么了不起？"我可以理直气壮地回答："对呀，我就是有钱啊。"

嘿，你看，多酷、多嚣张、多坦荡。

“永远快乐”这种愿望是不是永远不会实现?

特特的答案

没有烦恼这句话，

不但渺茫得不能实现，

并且荒谬得不能成立，

所以我不祝你永远快乐，没有烦恼，

只祝你一路走来，磕磕碰碰的瘀青，终能消退。

请在右页写下你的答案

心里没你的人

橘子小姐在朋友的婚礼上，遇见了陆先生。那天在大合照的时候，陆先生站在橘子小姐的左边。

也许是离心脏的位置很近，橘子小姐一下就记住了这个令她心跳加速的人。那天两人互相加了微信，一个月后，发展为情侣。

打从这段感情开始的第一天，橘子小姐就成了那个付出比较多的人。她从前十指不沾阳春水，如今为了他下厨煲汤做菜。她爱惜皮肤如命，仍愿意熬夜陪他看球。

原本在爱情里，谁付出的多一点，谁付出的少一点也无法计较，谁让爱情是不讲道理的呢。可是陆先生似乎并没有因为有了女朋友而改变，依旧我行我素，偶尔甚至丝毫不顾及她的感受。

有次橘子小姐半夜胃痉挛疼到直不起腰，打电话给陆先生。

陆先生显然因睡梦中被吵醒很是不爽："你先喝点热水，现在太晚了，明天如果还疼再去医院吧。"

最后橘子小姐不得不打电话给闺密，两个女孩子半夜去了急诊。在打吊瓶的时候，橘子小姐眼泪止不住地流。男友那如刺骨寒风般冰冷的态度，大概比胃痛更让橘子小姐难过吧。

一个不懂得心疼你的人，永远也体会不了你的处境和难处，也感知不了你的委屈。他懒得给你制造浪漫，也不会发自内心地关心你、呵护你，这些在他看来都是浪费时间和精力的事。恕我直言，你在这样的人身边，每一天都是世界末日。

一个人再优秀，心里没有你，那对你来说就没有意义。你要找的，是有人担心你有没有按时吃饭，心疼你异乡漂泊。

很多女孩子都说，当我需要你的时候你不在，那么以后你都可以不用出现了。我们一直苦苦寻找的，所谓爱情的东西，无非就是渴望得到被人心疼和心疼他的感觉。

你永远也叫不醒一个装睡的人，就像你永远也焐不暖一颗不靠向你的心。

一个人对你的好，并不会被立刻看到，因为汹涌而至的爱，来得快去得也快，而真正对你好的人，往往是细水长流。

你可能会怪他没有付出真心，但在一天天过的日子里，却能感觉到他对你无所不在的关心。好的感情，不是一下子把你迷晕，而是细水长流地把你宠坏。

真正心疼你的人，舍不得你皱一下眉头。所以我一直相信，一个原本乖巧懂事的女孩，变得歇斯底里、不可理喻，八成都是被喜欢的人给逼出来的。

谁不希望自己一辈子在蜜罐里泡着呢？一个女孩，不管多么独立好胜，骨子里都住着一个小女生，等待被保护。如果不是背后空无一人，如果不是得不到爱，谁愿意披荆斩棘，扮演一副刀枪不入的样子。

只是没有人心疼，不得不刀枪不入、百毒不侵。

那些打着“爱你”这个幌子，却让你在感情中反复纠结受累的人，多半也没有你想象中那么爱你。

无论我们曾经轰轰烈烈地爱过多少人，希望我们最终都能嫁给爱情，嫁给那个能留下来的，深沉的，不作声响的，像大地一样踏实，像被窝一样舒服的，不离不弃的人。

就好像吹过春天慵懒的风，走过夏夜无人的街，踩过秋天路边的落叶，欣赏过冬夜里的飞雪。世界都变成一封情书，“我爱你”没有句号。

一个人要是真喜欢你，
他怎么都向着你。
南方人管这叫偏爱，
北方人管这叫护短。
读书人管这叫爱情。

过得像照片里一样好

前些天和几位好友吃夜宵。

大力的女朋友望着我说："听大力说你是写文章的，真羡慕你呀，能靠爱好养活自己，不用朝九晚五、看人脸色。比大多数的同龄人自在多了，我和大力还差得远呢。"

我笑笑，不说话，因为我不知道该如何回应这种羡慕。我总不能说，就在刚刚临出门吃饭前，我还在跟同事聊图书市场调研的事。而且一会儿回到家后，我还要准备明天开会的资料。

别人下班了就是私人时间，而对于以写字为生的人来说，任何时间都可能是上班时间。时常写作到深夜，去医院也要背着电脑，一边等号一边赶稿，真的不是夸张。

灵感来的时候兴奋得要爆炸，没灵感的时候悲观沮丧，会有一种自己不被这个社会需要的感觉，会觉得自己很没用。时刻要瞪大眼睛观察生活，这句话好要记下来，这个人的故事有意思也要记下来，敏感到有些神经兮兮。

整个生活，都围绕写作在生长着，一旦写作这个树根有了病恙，生活的细枝末节都会跟着灰暗起来。如果说上班族是朝九晚五、看人脸色，那自由职业就是朝不保夕、靠天吃饭，谁都没有更轻松。

有人看着你的照片会说这个人过得真滋润、真潇洒，然而实际上，我或许过得确实不差，但也绝对没有照片上那么轻松。

这不传奇，也不侥幸。

吉娜歪了歪嘴：“羡慕她？快得了吧。跟她碰面太费劲了，约十次出来一次，还得拎着个电脑，要不就是拿着手机。和朋友聚会聊天的时候也要抱着收集故事素材的心理，一刻也放松不下来。”

“我看她分享的美食美景总不能是假的吧。”

“哈哈，她那顶多是善于发现生活中的美好，拍拍照片保持文艺青年的形象。”

照理说肥皂泡被戳穿，场面应该有点尴尬。可我心里高兴得不得了，笑嘻嘻地举起酒杯与吉娜碰杯。

的确，如果你闲来无事去刷一下朋友圈，可能会出现这种情况：天哪，为什么每个人都比我美、比我优秀、比我活得精彩？别人好像都是上苍的宠儿，昨天分享美食美景，明天被喜欢的人表白，后天要去美国进修。

有姑娘问我，是不是只有她的人生一团糟，那些又美又不愁吃穿的人，是不是根本就没有烦恼？

我笑，“你看到的，可能只是他活得最好时候的状态”。

你不知道那个签了大单的姑娘，背后改了几十遍设计方案；你不知道那个晒旅行的男孩正在和女朋友闹分手；你也不会知道，那个自己买了房子和车子的女人，因为穿了一整天的高跟鞋此刻脚腕酸痛得难以入眠。

富豪有富豪的烦恼，流浪汉有流浪汉的辛苦。不同的生活轨迹匹配着不同的烦恼，真让你去走一下别人的路，你未必能感到快乐。

忘记从什么时候开始，我们很难从朋友圈中看到负面情绪。就算偶尔看到一条心情不佳的状态，过几个小时再去看，就已经被删了。更多的人会晒晒聚会，拍拍蓝天白云，分享旅途美景，转些时下热点，说些不痛不痒的话。

小时候，我们总爱放大自己的痛苦，受了一点伤恨不得昭告世界。现在，我们却习惯隐藏自己的痛苦，那些四下无人的难过，那些深夜失眠的辗转反侧，那些不开心的事和想要发泄的情绪，都被长大后的我们管住了。

朋友圈只甄选最上镜的那段日子，像是你生活的剪报。在按下发送键的同时，那些几乎完美的照片，已经替你把糟心倒霉的破事一笔勾销。

你不过是把不好的过程，藏在了微信这个庞大的应用程序够不到的地方，然后一个人默默吸收。

生活不是糖罐，在我们那些小小的美好背后，是漫长的苦海。朋友圈照片都是真的，可那并不等于生活的真相。

朋友圈，本意是为了记录和分享真实的生活的，可是如今它变成了实现理想的捷径、“幸福”的竞技场。可真实的生活无法加上调色功能，也不能被剪辑。我们在其中体会失去，了解珍惜，品尝离别，得到成全。

这或许是我们来这世间走一遭的真正意义，所以，为什么要羡慕别人？你手里拥有的便是最好的。

你不用假装过得很好，这个世界上没有几个人是你的观众。

当你想到了以前，那些光景历历在目，除了三两亲友关注的眼神，唯有你默默地独自面对世间喧嚣。那些你很在意的事情，经过岁月的涤荡之后，在你的记忆中变得无足轻重起来，那是因为它们早就应该结束了。

在这个世界上过得好的人，都是该吃吃、该喝喝、该哭哭、该笑笑，不逃避、不畏惧的。

愿你成为真的过得很好的人，像你的照片里一样好。

路还长，需要你加把劲

人生如戏，应该是打游戏的戏。打过这一关意味着下一关更困难。

可要是打不过这一关，那接下来都没得玩。

电影《我的少女时代》里的第一句台词就说：“我常常幻想，长大后的我会是怎样的，从理想的学校毕业，发挥才华，实现梦想，然后遇到一份完美的爱情，我的人生会像钻石一样闪闪发亮。”

当梦想照进现实，女主林真心长大后的男朋友是个超没耐心的家伙，老板是加班狂魔，而她自己亦是唯唯诺诺，成了同事茶余饭后嘲讽的对象。

旁白话锋一转：“从来没有人告诉我，原来长大以后，你可能只会做一份不怎么样的工作，谈一场不怎么样的感情，将就着过一段不怎么样的生活。”

这个开头，可以说是很扎心了。

现实生活中也常如此。弄错了一个数据被老板骂得狗血淋头，灰头土脸地加班到晚上九点多，刚出电梯就发现自己的高跟鞋带断了，一步一歪地蹭到门口，正巧遇到在同一座大厦上班的男神。

他的车正缓慢地开出车库，并没像电视剧中那般停下来对你嘘寒问暖，反倒是送了你一脸汽车尾气附加一个扬长离去的背影。

无数次，我身边的人，包括我自己，都会有被生活压迫到想要灵魂出窍的感觉。面对做不完的 PPT 和改不完的方案，甚至要面对一些内心非常不屑但又必须面对的人与人之间的斗争。很多次，我们都会忍不住在心里咆哮：去你的，这不是我要的人生啊！

当我们年纪还小的时候，哪个不曾怀揣英雄梦想。但是日复一日，时间会说真话，别说当英雄，生活中那么多不甘和苟且就会把我们折腾得腿脚瘫软。

人活着，本来就是要在各种无可奈何的状态里挣扎。没能成为小时候想成为的那种人，是大多数人的无能为力。

《这个杀手不太冷》里有段经典台词。

小女孩问杀手里昂："生活是永远艰辛，还是仅仅在童年时才如此？"

里昂回答："总是如此。"

生命的安排不是无缘无故的，你觉得此刻难以抵挡，是因为自己的能力还不够，这时选择咬紧牙关去忍耐坚持，恰好是锻炼自己的过程。你在一段时间里积累了足够的经验和能力，再选择更好的地方进行提升，进入人生的下一个关卡，这才是正确选择。

忍耐着、坚持着，不是让你停留在一个地方待到天荒地老，而是你要从这里学习到东西之后才能有资格离开。

人要经过成长锻炼，才有自己独一无二的味道。

进入瓶颈时的焦头烂额，进步甚微时的心灰意冷，看着别人追剧打游戏心向往之却不能做时的烦躁犹豫，辛辛苦苦学了好久却毫无用武之地的失落和懊丧……这是我们每一个活生生的人，都会遇到的事。只是这些细节，不能与人言，也不足以与人言。

不管你现在是一个人走在异乡的街道上始终没有找到一丝归属感，还是你在跟朋友们一起吃饭开心地笑着的时候闪过一丝落寞；不管你现在是在努力去实现梦想却没能拉近与梦想的距离，还是你已经慢慢地找不到自己的梦想了。都要告诉自己，当遭遇不公，人生出现小波折的时候，或许正是上苍给你放了假，此时不妨好好地享受这个突如其来的假期。

很多年后，当你回忆过去，很多人和事你都会忘记，唯一能证明你存在过的，只有你用力走过的路。

有时候，人生的可恶之处就在于——某一阶段的风光得意决定不了这一生。根本没有什么一劳永逸、一锤定音的美事，能经营好这一生的，必是能保持对未来的美好憧憬，敢于做出抉择，有所付出亦有所放弃的人。

一个人能否渡过难关，并不取决于忍耐力，而是取决于他能否明白所有好与不好都是生活的一部分。在人生这条漫漫长路上，没有什么可以脱离现实，一切忧伤难过都是可以渡过的。

起落不定的人生之中，巅峰未必谁都拥有，低潮人人都蹚过。这段路永远是最费劲、最磨心的，但它一定能带你登上新的海拔。

“变得更好”这条路，是不是很难走？

特特的答案

成长和变得更好，是温柔又克制的过程。

温柔面对生活的刺，

克制拖延，克制懒惰，

克制自己的坏情绪，

把皱皱巴巴的生活熨烫平整。

请在右页写下你的答案

告别比告白还要难

我以前觉得朋友圈里转发医学奇迹的人很蠢。什么查出绝症，隐居山林就好了；被推到火葬场，突然又复活；用了哪些奇奇怪怪的偏方，康复了……

直到有亲人离世的那一刻，我希望这些都是真的。

小时候我对死亡是无感的，看到电视剧里讲“人死不能复生，节哀顺变吧”只觉得有一种冷漠。长大后经历过亲人的离世，才明白那种隐秘的痛和幻灭感。一秒之隔，人已经遥远得再也见不到。

好像到了某个阶段后，生活就会开始给我们做减法。有人匆忙地从你生命里路过，从人生的列车下站，甚至还未叫醒酣睡的你。

没有告别，没有拥抱。

如果每个人都是一颗小星球，逝去的亲人就是我们身边的暗物质。我们知道再也见不到他们，但他们的引力仍在。感激曾经彼此光芒重叠，而他们永远改变了我们的星轨。

纵使不能再相见，他们仍是我们所在星系未曾分崩离析的原因，是我们宇宙之网的永恒组成。

遗憾和失去，是我们每个人都绕不过的人生课题。

告别比告白还要难，要是早知道要离别，朋友会不会更懂体谅，恋人会不会更温柔，家人会不会给彼此更多陪伴，对世界会不会更容易心存悲悯。机场比婚礼殿堂见证了更多真挚的亲吻，医院的墙壁比教堂聆听到更多祷告。

每个人，都由他所经历的故事组成。“离别”意味着要为一段你用生命和时间体验、书写的故事画上句号。这个句号往往不是主动为之，而是被强行书写的。

毕竟，很少有人愿意把自己的一段经历，以及这段经历中与自己有过共同故事的人贴上封条，塞进再也不会打开的仓库里。

最近几年，我面对了许许多多次告别，说了很多“再见”“对不起”“谢谢你”，还有没说出口的“我想念你”。

我开始学着接受一切主动或是悄无声息的告别，亲情、友情和爱情。生活会继续，它永远有下一个阶段。

我记得，吉本芭娜娜在《厨房》一书的后记里写下这么一段话：人不可能永远和挚爱的人相聚在一起，无论多么美妙的事情都会成为过去，无论多么深切的悲哀也会消逝，一如时光的流逝。

大概就是这本书想要告诉我们的：一切都会过去，我们终将学会告别。

坦然地接受分离和告别，也是长大的一部分。面对现实，学会接受，保持成长，让自己的往后余生，过得坦然充实，坚信自己一定能够过上全新的生活。这也是对离开的人和曾经的自己，最大的慰勉。

在一档音乐节目里，朴树现场演唱歌曲《送别》，唱前半段时还算平静，可唱到“情千缕，酒一杯，声声离笛催”时，他突然情绪失控，声音哽咽，然后转过身去，掩面大哭。

哭完以后，他没办法继续演唱，示意和声继续。他捧着话筒，虚晃着身体，似乎锥心的往事涌上心头，令他万分悲恸。

我记得有的热评说“朴树太矫情，这也值得哭”，而另一个热评说“我真羡慕那些听不懂的人”。我也羡慕，真希望你们如今风华正茂，依然不懂离别的悲伤。

不懂也好，这辈子都不要懂最好。

生活中有四件事可以改变你，爱、音乐、文字和失去。前三件事让人心生希望，请允许最后一件使你变得勇敢。

无论你上到哪一层台阶，
阶下有人仰望你，
阶上有人俯视你。
抬头自卑，低头自得，
唯有平视，
才能看见真正的自己。

信神信鬼信星座，就是信不过自己

关于“水逆”，百度给出的解释是，由于水星运行轨道与地球自转带来的黄道角度差而带来的视觉上的轨迹改变，“水逆”会影响记忆、沟通、交通、通信等，会让相关事宜的进行变得缓慢，甚至在过程中产生一些阻碍，让人感到情绪低落。

在占星术中，“水逆”随着周期与时间的轮换进入不同星座，造成相应的影响。如此看，“水逆”所造成的影响或是真实存在着的。

可是也别忘了，星座运势从来不过是参考，个人有个人的境遇，不尽相同。

每当“水逆”之时，朋友圈总是哀鸿遍野。

平日里发着岁月静好的小姐姐们，都开始诉说自己过得有多凄惨。一向正能量化身的小哥哥们，也是丧气满满。好似往日掩埋在微笑面具下暗潮涌动的情绪终于找到了宣泄的出口。

当一件不愉快的事发生，我们习惯拼命暗示自己，一切和自己毫无关系，找借口为自己开脱。毕竟很少有人能坦然接受别人的批评和指责。那么甩锅给命运，就是最好的选择。

一开始选择逃避还会自责，渐渐地，放弃应承担的责任太久就会习惯，无论事出大小，总是会把自己身上的责任枷锁脱下。

“水逆”总会过去，当这种阻挠你的神秘力量消失后，你的生活就真的好起来了吗？

与其花大把的时间考虑佩戴什么转运水晶，不如回过头好好看看自身的问题，成长的开始必然是能坦然面对生活的种种不幸与难堪。

我们常常怀疑，为何别人总是运气爆棚，而自己的生活却总也好不起来。这是个什么都讲速度的时代，人人都恨不得一觉醒来就坐到了金字塔顶端，比如女大学生成为网红主播月入百万，比如某公众号作者一篇爆文赢得各大广告商争相合作。

可你怎么确定他们的成名是走运，而不是沉淀的飞跃呢？网红主播下线后要在舞蹈室练舞到深夜，那位拥有千万粉丝的作者也常常会因写不出东西而苦恼，可他坚持每天要有固定 4 个小时的时间用于阅读和写作。

运气很偶然，但成功从来都不偶然，每一份好运降临之前，都掺着一路的泥泞、眼泪和汗水，像滚雪球一般，带来更多的机遇。

这些坚持了自己的选择，并且拼尽全力做到最好的人，其实不需要谦虚地把成功都归功于运气，而那些什么都不了解的“吃瓜群众”，更没有资格说他们“只是运气好”。并不是所有的努力都会收获好运，但所有的运气一定是因为你足够努力，才肯垂青于你。

我从来不相信什么从天而降的好运，没有谁的成功是“突发”的，哪有什么一夜爆红。所谓时来运转，不过是顺势而为。积极努力的人，或许连上天也会网开一面吧。

借用微博上的一句话：哪有那么多陪朋友试镜却被意外选上的模特，哪有那么多走在街上就能被星探幸运相中的演员。

你凭实力能抓住的，才叫好运气。当你不抱怨“水逆”，不侥幸于运气的时候，你的人生就真的有救了。

每个故事的主角都有自己的烦恼，
美人鱼没有脚，灰姑娘没有钱，
睡美人沉睡了许多年。
但故事这样才好看，
她们正是因为一点不完美，
而拥有意想不到的人生。

会点人情世故，没坏处的

年少的时候，我们对一切不按规则行事的人深恶痛绝。那时的我们不明白，这世间哪有一尘不染的人，成年人的世界也没有那么多的清白。

别在人性上轻易怀疑别人，也别在道德上过于看高自己。人从来都是多棱镜，没那么崇高，没那么伟大，但也没那么卑劣，没那么龌龊。这就是世界，也是人性。

我也不是一走出校园就明白这个道理的。毕业那年公务员考试失利，我在当地的一家报社做记者，没多久，我就发现每次我出的新闻稿在播出时都会被主编用温润的文字替换下来。那时的我不敢去问为什么，心里却憋着气，为自己笔锋犀利、态度明朗骄傲，认为改动后的新闻稿立场模糊，不是新闻人该有的职业态度。

半年后我准备辞职去外地工作，临走前去和主编告别。在我说了一些礼貌的告别话后，她只说了一句："小姑娘，以后做人和文笔都委婉一点，没坏处的。”

如今在职场摸爬滚打了几年，我才慢慢明白当年主编的好意。“我要在一个干干净净的地方，做一个干干净净的人”的想法有点幼稚。越长大越发现非黑即白、对错分明的世界观并不好用，甚至让自己撞得头破血流。世界才不会规规矩矩地按规则运行，太多人太多事处于灰色地带。也开始懂得，三观破碎这事谁都避免不了，而我们也正是在这一次又一次的破碎和重立中，知道我们根本改变不了这世界，能做的不过就是规正自己。

我们人生中最艰难的任务，就是自我分析，然后试图理解许多人生真相与我们内心相斥的部分，并化解自己与世界的纷争。

常常有人认为，成熟就是变得圆滑世故，违心话脱口而出，还会拍各种花式马屁。这并非成熟，而是世故。成熟是调高内心的容错率，变得宽厚而善良，知世故而不世故，历圆滑而留天真。

真正有自己内心秩序的人，不会在表面上和这个世界的是非纠缠。你能学会理解人性的复杂和命运叵测，也有自己的原则，展现善良和温度，包容那些冰山之下的暗流，就已经很不容易了。

人是独立性和社会性的统一，而人与人的互动，是一场场连续的博弈。你需要有实力，以区别自己和他人。但也需要懂人情，才能融入更大的群体。

懂事才不是什么美德

“懂事”，乍一听是美好的品质，但这几年我越来越讨厌它。

明明想变得更爱自己，却总是忍不住考虑别人的感受，忽略自己也不见得让对方满意，到底怎么才能成为完美的、受欢迎的女孩？

我一时语塞，这个问题好难。我只能说，任何时候当你感觉到自己委屈，还在委曲求全，步步退让，是一种社交里的下下策。若其中还有你对回报的期待，那真的抱歉，你八成会失望。

我在人际交往中也有过这种感受，也不知道自己是不够自信还是其他原因，就是习惯性地委屈自己，成全别人。

偶尔情绪极度不好，一改往日友善，身边的人不仅不会想起从前我的懂事乖巧而包容我，反而会觉得我脾气古怪，难相处。

很多人在心里一开始就认定了“别人的喜欢、评价比自己的喜欢更重要”，所以也就不奇怪，为什么那么多人习惯性地放低姿态，努力让别人能够认可自己，至少不讨厌自己。

明明你在开会之前做了很多准备，你有很多想法要表达，你觉得自己的方案是最优善的。结果有同事问可不可以在你之前上去展示自己的 PPT，你说“当然可以啊”。结果她的方案全票通过，你的呢？连被大家知道的机会都免了。

无论谁来找你帮忙，你都会一口答应并办得妥妥的，比自己的事还要上心。可你一旦遇到了什么困难，却从来不会找人帮忙，你觉得欠了人情难还，其实是心里害怕没人会真的帮你。

为什么成为别人口中的好人？你对谁都维持着说得过去的礼貌，节日的时候还会准备小红包发给大家，图个热闹。但每个落寞时分，你却不知道该跟谁聊聊心事。

按照工龄分宿舍，有新来的小妹妹跟你撒娇，于是你让出了单人间，挤进了四人间。你珍藏了很多年的限量版手办，因为亲戚家的孩子喜欢，你不得不让出。

体谅、慷慨、善良这些珍贵的品质当然要有，但是该维护自己的时候，也不要让步，更不能手软。“忍气吞声”和“委曲求全”都是烂品质，你觉得自己顾全大局作出了牺牲，可实际上想要感谢你的人，真的没有。

别人跟你道歉，你要说的是“我接受你的道歉”，而不是“没事”“没关系”，因为你这样说，他们还就当真了，以为你真的无所谓。

一个人吃亏的频率太高，别人就会觉得你吃多少都吃不饱。就算你被折磨得精疲力竭，到了快撑不住的时候，别人也只会以为你是心甘情愿，半点怨不得别人。

成熟懂事固然是一件好事，固然讨人欢喜，只是这个世界上除了懂事和成熟，还有两个词叫作“委屈”和“不快乐”。

这种委屈自己换来的体面，就是对他人意见、态度的畏惧。一旦摆脱了这种畏惧，摘下了“老好人”的标签，你就不再是被人随便牵出去遛遛的萌宠，而是一头人人见了都心生距离的狮子。

分清哪些情绪和需求是自己的，哪些是别人的，这样你在做选择时更能留意到自己的声音。即使那个选择会带来一系列麻烦，你在应对的时候至少不会把时间用在怀疑自己和埋怨别人上。

真正有自己内心秩序的人，
不会在表面上
和这个世界的是非纠缠。
你能学会理解人性的复杂
和命运叵测，
也有自己的原则，
展现善良和温度，
包容那些冰山之下的暗流，
就已经很不容易了。

节日带来的孤独感

有一年中秋节，下午 2 点多我在家迷迷糊糊睡着，醒来已经是 6 点多。睁开眼看见夜色已悄悄笼上来，楼下小孩子玩耍的声音和商贩的吆喝混在一起。拿起手机，没有留言，没有未接来电，只有一条联通的短信，告诉我这个月的话费余额仅剩 34.2 元。

尽管孤独的我并不愿承认节日于我们而言的重要性，却注定摆脱不了节日文化带给人们的心理暗示，节日就是象征着团圆、热闹、纪念和不同寻常。

不过，这样孤独的时刻对我来说真的太多了，多到像菜市场的香菜叶……

比如，去看喜剧电影，笑点不少，坐在我前排的姑娘倚在男朋友的肩膀上笑个不停，而我只是默默看，不出声。不是我笑点太高，而是很多东西需要互动，才会有趣。

比如，每一次在热闹的聚会结束后，大家挥手告别，各自搭上车离开，看着夜色里渐渐安静的城市，突然就懂了，什么叫作狂欢后回到家，孤独会再次将你打回原形。

比如，半夜高烧，从卧室摸索着出来翻药箱，却找不出一颗退烧药，再没力气走回卧室，就近趴在沙发上睡去。

比如，赶稿子的时候，经常熬夜，很困、很焦虑，但不想睡，突然就想找人说说话。不能打给父母，因为我对家里从来报喜不报忧，即便我真的没事，爸妈也会因为我的突然来电而多想。通讯录列表从前到后翻了几个来回，嗯，算了，睡觉吧。

比如，一个人去医院挂号，看医生，做检查，等结果，下楼排队拿药。来看病的人不少，医院走廊很吵，但仍盖不住消毒水的味道和医院本身自带的冰冷磁场。工作的第一年，我去牙科诊所拔牙。还没打麻药，我的眼泪就开始止不住，医生和护士安慰说："小姑娘你别害怕，我们这还没开始呢。"嘴巴里塞着酒精棉，我说不清话，只能点点头。只有我知道，我并不是害怕拔牙，我只是害怕一个人。

还记得之前一夜之间刷爆朋友圈的养蛙游戏吗？

晒美食美景、晒自拍、秀恩爱的人，画风突变为：我的蛙只带了一只碗出门，好担心；怎么回来就看书呢，快点休息一会儿呀；三叶草长得好慢啊，什么时候才能给我家崽买幸运铃；你又在给谁写信呢；我的蛙在森林里搭了帐篷，好厉害……

以往都是升级打怪或冒险类的游戏更受欢迎，这款游戏完全不同，没有太多场景页面，没有互动，只有一只被你起了名字的青蛙，吃吃东西，看看书，写信，削木头，然后旅行。你唯一能做的，只是收割庭院里的三叶草，帮它准备行李。你不能陪它出去旅行，不能决定要去的目的地，也不能控制它回来的时间。

你甚至不会在游戏界面停留太久，因为它一旦出去旅行就杳无音信，只有不定时发来一张明信片。

我一位朋友说，她觉得这款游戏最有趣的部分，在于你赋予它的想象。

比如，它带的面包够吃吗？会不会去太远的地方饿着啊？两天没回来是不是去了很好玩的地方？它会遇到危险吗？会迷路吗？什么时候能交到新的朋友呢？忘记给它带帐篷了，它会不会淋雨？

游戏是虚拟的，那只青蛙顶多算是电子宠物。可每一次关掉页面，我们心里总是莫名地牵挂着，是因为即便这些都是假的，可我们付出的感情是真的。

现在都市里的年轻人太孤单了，因为我们在这个急速发展的时代里，太久没有慢下来，太久不敢将感情投入在谁身上。

我们乐于养一只虚拟青蛙，和我们吃饭、坐地铁、等公交的时候打开直播、微信视频对话是一样的，我们想要的，不过是陪伴。

我们太孤单了，七情六欲、喜怒哀乐，都希望有人可以分享。

我一直鼓励别人要独立，要活出自我，可是独立和自我并不代表你不需要陪伴，不需要亲密关系，不需要感知身边的一切，不需要面对自己的脆弱。过度享受孤独，或许恰恰是因为内心对陪伴的极度渴望而不得。过分的独立，也许是不懂爱。

希望我们能够独立，也不忘寻找同伴。希望我们不被苦难轻易打倒，也同样会示弱和求助。希望我们能够保有赚钱的能力，也能够安心享受被照顾的幸福。

只有我们向别人敞开自己内心深处的柔软，相信对方也相信自己，才能够建立起关于爱的联结。让自己内心充满活力，情感丰富而不再孤独无助。

这一路我们摸爬滚打，虔诚修行，是为了得到内心的成长、蜕变，从而变得充盈、有爱、谦和，而不是孤傲得难以接近。

每个人，这一生有两件事需要学习，一个是独立自主的能力，一个是与世界发生联结的勇气。

QUESTION / 10个绕不开的人生问题 / 8

怎样才知道，自己是否已经释怀？

特特的答案

当你不再去逼问一件事发生的原因，

也不想再改变已成既定事实的结果时，

这件事，这个人，在你心里才算翻了篇。

请在右页写下你的答案

别招人烦

说一下人与人之间的边界感。

所谓边界感，就是在任何关系中都要懂得适可而止、礼貌退场。

这里所说的边界并不指代能够精确到几尺几寸的物理距离，而更多带有心理上的意义。它不可名状，却影响着人与人之间的互动与亲疏。身体的轮廓将每一个人区隔开来，而心理上的边界则保护我们处在一个平和、舒适的情绪状态当中，不受他人情感压迫。

每个人都有属于自己的自我心理边界。边界画出了自我和他人之间的界限，将你的内心世界和其他人区分开来。

然而，在生活中，总有人在我们私人的内心界限边缘疯狂试探。豆瓣上有一个叫作“日常注重边界感”的讨论小组，里面许多人提出的困惑，都和隐私被冒犯有关。

其中有一些讨论很有意思。比如有人吐槽，用手机的时候，坐在旁边的同桌总是盯着自己的屏幕看；有人说朋友发现了自己的微博小号以后，总是“视奸”，自己不知怎么办好；还有人提问，室友的电脑坏了，想借自己的用几天，应该怎么拒绝；情侣就可以检查对方的手机吗？是父母，就可以翻看孩子的日记吗？

看着这些帖子，我总会长舒一口气，“看来不只我一个人感到困扰嘛”。

任何关系都要有边界感。我们在人际关系中，如果遇到“自我边界”被冒犯的情形，应该尊重自己的意愿，勇于捍卫自己的“小世界”，这样才能有利于关系的良好发展。

就像纪伯伦诗歌里描绘的：“不管你们多么相依相伴，彼此之间都要留出间隙，让回旋在空中的风在间隙中舞动。”

如果没有边界感，即使是爱，也会变成消极的东西。

当你知道自己想要什么，能做什么，拥有完整的自我意识，才能更好地主宰自己的人生。

认清边界，尊重边界，根据不同的关系设置不同标准的距离，这也是一个成年人应该具备的技能。

未必真的需要，只是想消费而已

我们都体验过买买买能让人快乐，心理学称之为购物疗法，下单、收到快递之前挺快乐，但这种快感持续不了多久，这叫快乐减退。得到一件东西的快乐是短暂的，期盼、筹划购物的快乐却比较持久。

人有欲望是合理的，但是欲望不能透支，欲望被透支得越彻底，人越容易失去自我，生活不会变得精致，反而过得一塌糊涂。

特别想花钱的时候，其实并不是为了得到某个东西，只是想通过付钱这个瞬间得到快乐，获得支配感，这种情况下就会买到很多非必需品和性价比低的东西，很多快递拆开后再也没看过第二眼。

过去几年，我也曾被消费主义绑架过。

初来都市，我看到时髦女孩背着名贵的包，路过那些看了菜单就不敢走进去的餐厅，这些我踮脚也未必够到的东西，有人轻而易举就可以拥有。

我被这些物质诱惑着，我想要赚钱，想聪明有趣，想要身上有光，想要自己的作品可以畅销。会觉得做不到这些，就不会被尊重，不会被认可，也不会被好好对待。

那时的我，把赚到的钱大部分用来包装自己，一万块钱的包我省吃俭用也要买一个，咬咬牙去吃小一千块的晚餐，去景点没有请导游讲解历史，而是找了 1 小时 1000 元的跟拍摄影，只为拍照修图发在朋友圈。

直到有一天我发现，我也许能拥有别人的同款包，却不能拥有同款的资源。我们坐在一样的餐厅，并不意味我们有相同的消费能力。

当有一天，潮水退去，那些包包、饰品和美照，能成为我抵御风险的铠甲吗？

不能。

女孩子的安全感和底气不完全来自消费，如我一般出身普通的人，是要靠自己积攒安全感和底气的。

年轻人最好的“理财方式”是对未来认真的规划。以能力和需求为半径，规划一个有可能实现的圆，让钱为你的真正需求服务。

后来，我把有限的闲钱用来知识付费，把发朋友圈炫耀立人设的时间，用来尝试和摸索新的职业分支。我更加务实地攒钱和理财，只为了让自己和家人的生活得到晋级改善。

我们买的许多东西，根本就不是必需品，而是为了构建一种完整生活方式的实验品。很多时候我们买的不是物品本身，买的是“更好的自己”。

靠自己的能力满足自己的小小虚荣心，是一件挺有成就感的事情。钱本身是货币，要是拿来奴役了自己，便是本末倒置。它可换得尊严，也能惹人狼狈。

再昂贵的物件都不是“自我”的某一种配件，纵然浑身上下遍布了不菲价格的商标，也未必能体现灵魂的价值。

要消费，但不要消费主义。

我们不妨通过重新审视自己和物品之间的关系，真正拥有对物品和人生的掌控权。

山无棱，天地合，才敢与钱绝。
钱买不来所有的快乐，
但钱能在你和快乐之间搭一座桥，
让你踏踏实实地走在上面。

50 封女孩们的私信 / 下篇
未来还要相互陪伴一年又一年

26

Q：拒绝别人的时候，总是觉得对不起别人，心里难受好多天。

A：你觉得心里不舒服，大概是害怕在拒绝后就失去了这个朋友，但凡是会耽误自己的事的求助，我们都应考虑一下帮忙的后果，用恰当的语言拒绝真的没什么。何况，当一个成年人开口提出要求的时候，他的心里根本预设好了两种答案。所以，给他任何一个其中的答案，都是他意料中的。接受被拒绝，是每个成年人都基本具备的心理素质。

27

Q：好朋友之间的感情为什么变淡?

A：或许不是你们不愿意再敞开心，是路不同。硬把对方拉在身边，两个人会不自在。即便是在自己的战场里发生了很多事，但就是一个字也说不出来，也一个字都不想说。这世间从无感同身受，大家都被生活折磨得遍体鳞伤，让别人全盘托住你的难过，是件难为人的事。

28

Q：怎么才能快速度过职场菜鸟期，成为女强人呢？

A：都市女性在职场想要占有一席之地，从来都像是一部血泪史，既要人美嘴甜，又要能力出众。谁不是一边强忍着泪水，一边熬夜把 PPT 做完？

29

Q：看姐姐的书，姐姐一定是个很飒的人，是不会为男生流泪的人吧？

A：不不，姐姐从前也是恋爱脑，有幸痊愈了而已。偶尔怀念的，从来不是那个人，而是当年为爱而莽撞笨拙，甚至有点一根筋的自己。

30

Q：从小到大，都会因为胸小而被嘲笑，会羡慕其他女孩子凹凸有致的身材，好自卑。

A：宝贝，我现在越来越喜欢穿衣自由这件事。平胸怎么了，卫衣、衬衫、吊带、辣妹装、中性风统统把控得住。迎风跑步没有负担，趴着睡觉毫不费力。管他什么大胸翘臀、直角肩，自信和大方的女孩永远会发光。

31

Q：总是被身边的人支配情绪，好烦。

A：慢慢你会发现，没有什么人值得你浪费情绪去讨厌。小孩子情绪激动，大人们习惯平和。

32

Q：到底什么才是可爱？

A：可爱不是嘟嘟嘴，也不是花边裙，而是一个成年人的自我救赎。

当你拥有了熟龄的天真和温柔的凶猛，无论时间如何无情，世事如何破碎，你仍会保留赤诚勇敢的心性。在跌倒一万次后，笑着说："我知道这很令人难过，可这就是人生呀！"然后爬起来，拍拍裙子上的灰尘，继续奔跑。我们把这种美，叫作"可爱"。它看似幼稚，实则是态度。不流俗，不油腻，不取悦，不委屈。掠过虚伪的世俗，活得更真实而已。

33

Q：单方面喜欢一个人要不要付出真心呢？

A：情出自愿，没人能阻止你付出，但不要认为他会因为你的付出而爱上你，不要一边付出成瘾，一边侥幸他会珍惜你。因为被需要不等于被爱，你有价值和可以爱你，分明是两码事。感情这事，单方面投入真的起不到什么作用。

34

Q：短暂拥有过，后来失去了，是奖励还是惩罚？

A：不贪心的话，就是奖励。还放不下的话，就是惩罚。

35

Q：姐姐，我和你一样喜欢 ×××，可是你有没有觉得，他的新歌没有以前的感觉了，好可惜。

A：他的嗓音不复从前了，可那有什么关系呢，我也不再是把耳机偷偷藏在校服袖口里的小女生了，大家也都不再年轻了嘛。

36

Q：特特，为什么越是长大，内心的痛苦却越不允许被释放呢？

A：现代人的崩溃是一种默不作声的崩溃。

看起来很正常，会说笑、会打闹、会社交，表面平静，实际上心里的糟心事已经积累到一定程度了。

没人是铜墙铁壁，无坚不摧。绝望的时候，会难过，会崩溃，会一蹶不振，都是再正常不过的事。如果没有情绪地活着，真的就像一具行尸走肉。

所以，难过的时候你可以哭一会儿，明天再做大人。

37

Q：瘦这件事，真的重要吗？

A：坦白说，对我很重要，但对你未必。如果你觉得，身材如何对自己的生活并没有什么不快乐的影响，那么当个开开心心、随心所欲的“吃货”没什么不好。毕竟这世间的女孩子，无所谓美丑，皆是花朵。

38

Q：女孩子到底该活成什么样才对呢？

A：从来没有“女孩子应该有的样子”，如你如我，千差万别，每个人都是不可复制的存在。也从来没有“女孩子应该过的生活”，去做个独一无二又有故事的女同学吧。

39

Q：特特，怎么理解分享欲？

A：我始终觉得分享欲在哪边，心就在往哪边倾斜。这个分享欲，并不是事无巨细、分分秒秒全都要告诉你，而是在心里炸开小小烟花的时候，第一个想要邀请的人是你。

40

Q：为什么有人就是喜欢抬杠和争执啊？

A：人生不是辩论赛，与其互相说服，不如互相删除。

41

Q：如何才能练就自己的气场呢？

A：你得熬，等岁月打够你的脸，存够你摔过的跤、吃过的亏、流过的眼泪和开过的眼界。等你依然能不卑不亢在作战，你不认输的时候。

42

Q：没有背景，起点不高该怎么办？

A：一个没有背景的普通女孩，蜕变到自带光芒的故事很多。只是这样的故事或许讲起来容易，却不是几句鸡汤、几句忠告就可以指点的。如果没有背景，那就去成为自己的背景，赚很多的钱、买心仪的东西、撩最帅的男神。

43

Q：疲惫生活的解药是什么？

A：没有解药，但有止痛片。比如书籍、音乐、热爱，和一个能拉着你往前走的人。

44

Q：人和人之间靠什么保持长久舒适的关系？

A：靠共性和吸引吧。肯定不是压迫、捆绑、奉承。

45

Q：每天都在“搬砖”，什么时候才能真的享受生活呢？

A：除了你留多少时间给自己享乐以外，你还可以想想，你能把多少时间变得快乐。

46

Q：什么样的生活，才算得上是精彩呢？

A：有过“一些时刻”其实就够了。假如人生大半是荒野，那些时刻能把荒野点亮。

47

Q：看别人的励志故事，真的有用吗？

A：我们读着别人的故事、别人的人生，无非是想把他人的经历，化成自己往前走的动力。

48

Q：父亲离开我三年了，我始终走不出来，经常哭，我好想他。

A：叔叔要是知道你掉眼泪该多伤心啊。宝贝，我明白的，亲人的离开不是一场大雨，而是一生的潮湿。可是你想想，他比你早来这世界很多很多年，去下一个地方，肯定也要先去的。总会再相见的，到时候你给叔叔讲讲，后来在没有他的人间里，你有好好生活。

49

Q：特特，在我异地恋的五年里，我把你的书刷了一遍又一遍。下个月我要结婚啦，虽然没见过面，但这些年你的文字给了我力量，我可以寄一份喜糖给你吗？

A：恭喜你呀，欢欢喜喜踏入婚姻的女孩，现在一定满脸幸福吧。希望那场婚礼是你一心想要的；希望你能笑意盈盈地走上红地毯，也能在送完宾客后，轻轻地关上门，带着温柔笑意看着房间里的那个人。

50

Q：特特，你的新年愿望是什么？

A：嗯……希望自己能继续致力于女性成长，写小城市女孩是如何蜕变的，要是当个芳龄富婆就更好了。

你为什么不开心

为什么我们变得越来越不开心？

很重要的一个原因是，我们想要的东西变更多了，被欲望所累的我们，越来越难被满足。

就拿我自己来说。读书的时候，心里只知道以后要工作，独立一点，不要成为父母的负担。至于更多更远的，根本不会去想。看完今天的书，背好今天的题，顺利地毕业，认为未来可期，即便是能力普通，没有靠山，仍不知“惧怕”和“沮丧”是个什么东西。

刚刚工作的时候，拿到实习工资后的第一件事就是给自己添置一些生活用品，给狗狗囤些狗粮。支出后发现卡里还剩几百块的时候，竟还有点开心。即便合租房很破旧，房东有点难相处，小区没有保安，哪怕在夏日的深夜为了洗澡而自己动手修热水器的插销，却也真的是乐在其中。那时候月入2000块的我，满口袋里都装着快乐。

当我真正住进属于自己的两室一厅的房子时，我又觉得或许自己的人生不止这样，毕竟三百平的大平层住宅每天可以 360 度享受阳光。

刚刚写书的那几年，每本只能卖几万册，拿基础稿酬。那时候我想，希望自己的书可以加印卖到 10 万册，成为畅销书。这个愿望，在 29 岁那年实现了。有天洗漱完瘫在沙发上，脑子里有个念头一直在转，“怎么才能把书卖到 100 万册呢，读者的口味到底是怎样的呢……”回过神，被自己的想法吓了一跳，人的欲望果然是没有“见好就收”的，而是随着你掌握的资源变化而扩张。

很多人都说，有钱就会快乐。但实际上，即便是有一天你不再有经济压力，也会发现事实并非如此，因为钱和东西，永远不够多。

越是长大，心里的欲望就越多，内心的企图越难填平。我们喜新厌旧，我们不懂得珍惜。我们对这个世界有了好胜心，我们想要拥有更多的钱，更多选择的权利，更好的发展机会，而当我们越往高处走的时候，“快乐”被我们丢在了哪里都不知道。

快乐是什么？

是那些值得被记住的积极情绪的体验，它包含着对当下的积极心态和对未来积极的展望。没有妥善地处理好想要的东西和自己现状之间的联系，没有合理地安置自己的欲望，要的越来越多且越来越急，是我们不快乐的元凶。

到了现在这个年纪，我才渐渐明白，很多事，我们要先放过自己，才有领取快乐的机会。

每晚睡前，原谅所有的人和事。闭上眼睛，清理你的心。过去的就让它过去吧，无论今天发生多么糟糕的事，都不要让眼泪流到新的一天。

不论是工作还是爱情，有时不必把自己拖得太累，学会放下，放下不切实际的期待，放下没有结果的执着。什么都在失去，过去的就别再翻回去，值得你在意的，唯有当下的快乐和即将到来的幸福。

放过那已经过去的坎坷和委屈，把更多的精力用来记取眼前的快乐和未来也许会出现的曙光。这不但是感恩生活，更是为了让自己过得好一点。

你可以失望、可以痛哭，但不能绝望，永远不要为难自己，比如不吃饭、不睡觉，这些都是傻瓜才做的事。

无论未来经历什么、遇到什么，只希望，你可以成为这样的姑娘：不管经历过多少不平，有过多少伤痛，都舒展着眉头过日子，内心丰盛安宁，性格澄澈豁达。偶尔矫情却不矫揉造作，更不会尖酸刻薄，不怨天尤人，不苦大仇深。会对每个人真诚，对每件事热忱，相信这世上的一切都会慢慢好起来。

“特特，你的 30 岁生日愿望是什么？”

“现在当个快乐的女孩，中年时当个快乐的阿姨，老年时当个快乐的老太婆，拥有快乐的一辈子。”

一个人心里有你，
你根本不必讨好；
要是心里压根没你，那更加不必。
他若喜欢你，
你脾气再大都叫个性。
他若不喜欢你，
就算你温顺得像只猫咪，
他都嫌你掉毛。
所以呢，
做自己就好。

“社恐”会带来自由

村上春树在《我的职业是小说家》里写道：“无论你是否‘社恐’、有哪种‘怪癖’，都可以作为我们生存在世间的准则。”

也就是说，无论你是因为什么原因“社恐”，最重要的是，你要从内心深处接纳自己，找到适合自己、让自己舒服的生存方式。

你很难有真正的性格上的突破，哪怕你去做突破自己的行为，但你是带着极大的心理内耗去做。

你真正需要做的，不是刻意逼着自己合群，而是找到自己身上的闪光点，认可自己，做一个善待自己的人。

证明你拥有的人脉，不是朋友圈里有多少和牛人的合影，而是当你遇到问题时，有多少人愿意帮你；决定你朋友圈层次的，不是你和谁握手拿到名片，而是你自己有多少本事。

人脉不在别人身上，而藏在你自己身上，唯有你变得厉害，才能交到厉害的朋友。

别错把认识等同于认可，更不要将人生的转折点寄希望于通讯录，再多“大咖”的名片也换不来一个面试机会，打再多招呼也未必能拥有一个真心朋友。

就算你看起来诚心诚意，出钱出力，就算你苦心经营，变着法地攀上高枝。可结果呢，除了更长的通讯录，更吵的微信群，更多的微商之外，你什么都没有得到。

20 岁的时候，我们以为多个朋友就会多一条出路，等你到了 30 岁就会知道，友情和爱情一样，都无法真正地拯救你。

人的一生，大部分的时间都在独处，所以不管愿不愿意都得接受现实。为了让自己显得不那么低级就去参加各种社交，让自己融入根本就不喜欢的圈子，说着违心的话，喝着伤身的酒，这样的社交，与其说无用，不如说是在浪费时间。

别去做一些无用的社交了，那样不过是自我安慰罢了。费尽心思去结交那些所谓的牛人，处处赔上笑脸巴结讨好，真的就有用了吗？笑到最后的不见得都是赢家，也有可能是小丑。

只有当你真正变优秀了，跟那些牛人在同一个层次，你的社交才能真正有效。不然你那不叫人脉，叫通讯录。

如今再看，带一点“社恐”属性也没什么不好。它像是一种看不见的分寸感，能够带给我们相对舒适的社交距离，不需要一上来就热络，而是人和人相互建立起信任。

如果你看见我走了过来，却没有要迎接我的意思，那我就会停下来。这种程度的“社恐”，能够维护一个人内心的自我保护机制，也能让两个人保持一种舒适的状态。

带着这样的分寸感去和这个世界打交道、交朋友也挺好的。走得近更好，走不近那就保持点头微笑，互相介绍名字，聊聊星座，聊聊天气，然后说“再见”，没关系的。

社交只是一个过程，而不是你的目的。

患有多年“社恐”的我，从前会觉得自己说出“我想自己待一会儿”“我先回去了”这种话很扫大家的兴，但现在我不会有这样的心理负担，我只是合理表达了自己的诉求，我只是在尊重自己的感受，至于别人，祝你们歌唱到天明！

我在人群里，“社恐”且自由。

“网络上大胆发言，现实中唯唯诺诺”是很多年轻人的写照，在信息化的时代，面临的压力总是要更大一些，我们想要更多的自处时间，有更多的时间来进行自我沉淀、自我成长。

所以现在理解“感官超载”了吧，就是有的人在经历完一段社交活动后，感觉身心疲惫，想安静地待上几个小时，这期间不想和人交谈、不想被打扰、不想解释什么。

当有人提出要独处一会儿的时候，请不要以为他在摆架子或发脾气，他仅仅是累了，需要充电。

“社牛”也好，“社恐”也罢，无所谓对错。没关系，这世界那么大，有人天生气氛组，就要允许有人提前退场。真正接纳自己的人，才不会感到尴尬。

希望每个人都不再那么恐惧别人的目光。

怎样才能拥有人生的主动权？

特特的答案

如果你一直在权衡，一直在退缩，
那么你注定了会一直愤愤不平，一直闷闷不乐。
不要给自己的胆怯戴上“谦让”的高帽，
不要被“不好意思”困住了手脚，
更不要因为听信了“是你的跑不了，不是你的留不住”
而失去本来可以留住的东西。

所有你主动去做的事情，都会滋养你，
所有你被动承受的事情，都会消耗你。

想要就去卖力争取，
不模糊态度，不敷衍自己，
不沉溺在拧巴的小心思和扭捏的小情绪里。

请在右页写下你的答案

一样拿得出手的东西

我曾经面试过一家业内很有名气的自媒体公司，因为面试的剪辑岗位并不是我的专业，我非常紧张，简历修改了很多次。

HR 看完我的简历后说："在你的专业技能和实习经历那些板块里，我看不到你有什么实质性的内容。你觉得你竞选这个职位有什么优势？"

我憋了很久，只能说出一句："我很努力，不会的东西我愿意学。"

是啊，我很努力，却没有过成就，没有底气。

还记得之前看《奇葩说》，里面有一期辩题是：他真的很努力，是不是一句好话？

有辩手站起身说："只会被提及努力，这意味着你没有什么成绩，因为你没有做到，这句话加剧了人的盲目、局促和焦虑。"

很多人，包括我自己都会觉得"努力"是优点，这毋庸置疑，但是，在职场的路上，不能只是会"努力"。培养出"成果意识"

真的太重要了，它同时说明你已经走出了学生时代那种自我感动、盲目用功的误区。

每次写稿焦虑的时候，都会想起一个前辈说过的：读者不会在意你们的稿子改过多少遍，只有最后的成稿真的到了“戳心”的优秀，别人才会去想“写出这篇稿子或许是不容易的”。

你要给别人，看到那个成果。

20岁出头的你现在在干什么？随便糊弄完老板交代的工作，便开始追剧打游戏？因为一份不稳定的感情关系每天矫情哀怨？还是平平常常当一个及格的大学生？

太多的人抱怨“挣的没有花的多”，也有太多的人不满“社会对年轻人过于苛刻”，可是却少有人愿意静下心来踏踏实实为自己一点点储备能量。

在这个贴满了价格标签的社会里举步维艰我不否认，但当我们面临多重选择的时候，二十几岁的我们，看起来简直弱爆了。我们没有能力为自己选择更好的路，只能等着别人来对自己挑挑拣拣。

什么是拿得出手的东西？我想那应该不是善良、坚强、勇敢这种人性品质。

它应该是一种只属于你的无价的内在能力，是你在成长的每一天里，不断为自己修炼出的特长，它让你和别人不一样，它让你引以为豪。它会帮你渡过危难的关口，杀敌制胜。

各圈“大咖”，之所以能红，能被人知道，是因为他们能打造出属于自己的独特标签，并且在自己擅长的领域坚持做到了极致。

未来也好，远方也罢，我们人生最重要的事，不是幻想着有个王子骑着白马来拯救我们，或者一个冰雪聪明的公主来安抚你的心，而是拥有一样你拿得出手的东西，才不会看起来一无所有。

用深色覆盖浅色，用“结果”去替代“努力”，成为一个有点厉害的人，不仅仅是一个有点努力的人。

这一路，出彩还是出局，你得自己选。

人跟人的生活节奏不一样。
有人 3 分钟泡面，
有人 3 小时煲汤，
有人的外卖已送达，
有人刚切好蒜薹和肉。
烧烤摊上最快的菜是拍黄瓜，
有些包子第一口咬不到肉。

你选择了你要的方式，
就坚定下去，别胡思乱想。
每个人的花期不同，
不必焦虑有人比你提前拥有。

成年人说话要带脑子

作为带脑子出来行走的成年人，行为和言语不给别人添堵是基本素质。

与人相处久了，就会发现识趣很重要。仔细想一下，我们身边都有那么一种人，无论别人做什么，表达什么，不掂量跟对方的关系亲疏，总要自以为是评论一番。大到人生抉择，小到穿衣吃饭，都要发表一下意见。

你要是晒了男朋友送的礼物，他会说："女人经济要独立，不要什么都靠着男人。"

你换了件风衣，涂了口红，他必定会阴阳怪气："这是要去相亲吧。"

你说自己不吃鱼，他就会给你一句："那是你没吃过好吃的。"

你感冒头痛趴在桌上小憩，他认定你昨晚去了酒吧。

诸如此类，你也说不准他们是闲着没事，还是古道热肠，反正他们就是要在你心上添个堵，而且根本不会对自己说出的话负责。留我们心里只剩下一句“滚”，在心底翻腾不已。

我们应该明白，或许别人可以忍受你的叽叽喳喳，忍受你的放纵不羁，甚至可以原谅你的无端猜测，但没有人会对你的无知无礼丝毫不介意。

千人千样，因立场不同、所处环境不同，人们很难明白对方心中真正的感受。何况每个人都有自己的故事，每个人都是自己故事里的主角，不管故事是平淡无奇，还是曲折坎坷，如果没有按别人生活的路径走过一遍，其实根本无法理解别人现在的行为。

懂得自己在他人心中的分量，懂得察言观色，懂得适可而止，也懂得自己想要的是什么，合理索取，不过分，不矫情，不歇斯底里。这不是什么八面玲珑、油滑处事，而是把每一个交流的人都放在了心上，并去尊重和善待。

人际相处成败关键在“度”，这度其实就是识趣。年轻的时候，再多的误会我们也愿意用尽力气去解除，去问一句“为什么”，大不了吵一架、打一架、哭一场，也就和好了。长大以后不一样了，我们的精力和时间有限，我们再也不愿意被人无故冒犯，也不愿轻易和解。

懂距离、知分寸，才能长久。这距离和分寸不是疏远，也不是冷落。唯有把握好距离和分寸，我们才能尊重自己在意的人，才能安稳妥善地保护好我们之间的感情。

很多时候，我们的嘴需要一个撤回功能。人与人之间，总是很难把握好度。这个度关乎情商，关乎敏感力，稍不留神过了界，会让彼此都觉得不爽。所谓的“说话记得带脑子”，估计就是这个意思吧。

识趣的人，常常能恰到好处地处理人际关系的临界点。相反，如果一个人缺少了识趣的敏感力，说话处世少根筋，不掌握尺度，就易惹人生厌。

做一个有趣的人的确很难。做一个识趣、懂点事的人，没那么难吧。

又不开心了

不开心的时候，你会做哪些治愈的小事？

被爱的人，不会皱巴巴

一个人有没有遇到真爱，看他最近的脸色就一清二楚，如果他印堂发黑，两颊无光，不是撞鬼就一定是爱错对象了。

被对的人爱着，他一定希望看到你发自内心的笑。他会因为不想看见你难过，选择让步和妥协；会包容你偶尔的小情绪、小任性；会在你受委屈的时候，努力为你多做一些事，让伤害减少一些。

世界上没有不会哄人的恋爱对象，只有不够喜欢的感情；没有不能改变的原则，只有不愿为对方花心思的敷衍。

无论你曾经有多落魄、多心酸，只要你遇见了对的人，落魄和心酸都会消失殆尽，取而代之的是溢于言表的幸福，而那种幸福感，是无论如何都掩盖不了的。

爱情是一个光明的词，被一只光明的手写在一张光明的册页上。但如果你喜欢的人并不爱你，那你的爱情就是黑暗的，连带你的脸蛋也是晦涩无光的。心心相印的爱情，才是你永葆青春的防腐剂。

不要去爱那个本来就很美的人，而去爱那个能使你的世界变美的人。

我们向往美好的对象，甚至为了他甘愿消磨自己的人生，为了得到对方，我们不断地放弃，斩钉截铁地放弃，最后连自己也被放弃。却不知道，真正的爱情，并非以一方的牺牲为成全另一方的条件，而是携手共同看见更美的世界，探索未来的风景。

我们必须选择释怀过去，忘掉那些曾辜负你一片真心的人。爱情这件事，勉强不了，住不进你心里的人就放他走，你走不进的世界提前先掉头。释怀了过去，才能有清醒的意识找到下一个肯为你付出真心的人。像是一杯普通的水，和喜欢的人在一起就会变成雪碧。他的胳膊轻轻和你碰到，你心里的气泡就会滋一下跑到嗓子里，甜甜的，还亮晶晶的，好像刚才喝下了整条星河。

当你爱对了人，他会明白你的喜怒哀乐，他能深谙与你的相处之道。他明白你的脆弱与敏感。当你身处这样的爱情之中，你会像个孩子一般时刻充满好奇和动力，你似乎看见了新的世界。你重获乐观的心态去面对生活，不再孤身一人，也不需要为谁彻夜流泪。

你要做的就是在甜蜜的生活中让自己过得更加精彩，并且相信着，当你感觉自己越活越年轻，毫无疑问是爱对了人。

真正喜欢你的人，无论你是哭泣、微笑、皱着眉，或是假装生气，他都会喜欢你，只要是你的样子，他都会收在心底。我们一直不断寻找的，不过就是这样一个永远都会原谅你、宠着你的人罢了。其实真正的幸福没有标准定义，只要笑容比眼泪多，你就找对人了。

一个人过得好不好，有没有被爱、有没有被呵护，看脸便一目了然。表情不会骗人，妆容不会骗人，举手投足间的状态更不会骗人。

好的爱情会让人光鲜亮丽、光彩夺目，不好的爱情会让人形销骨立、面容枯槁。有没有爱对人，真的只要看你的脸就知道。毕竟好的爱情，是情人之间的全效面膜，对吧？

年纪小一点的时候，我们理解的爱情，是天雷勾地火，是不死不休，是相互纠缠。

长大后才发现，真正对的那个人，应该有势均力敌的气力，让彼此看到生活的平静与欣喜。

年轻一点的时候，
如果感到寂寞或者喝酒喝到脆弱，
会憋不住给喜欢的人发“我想你了”。

年纪大一点，哪怕心中有喜欢的人，
也不会轻易给对方发消息，
最多跑去对方的朋友圈下面点个赞。

极致的心动是限量的，
或许你已经用掉这次机会，
或许这辈子也用不掉。

“祝你”找到一个有钱的男朋友

你可以“希望男朋友有钱”，这没有什么错，但“寄希望于男朋友有钱”这个念头劝你趁早打消。想要在感情里坦然接受两个人的经济互动，最好的选择还是做各自都很有钱的人。

一定会有人说，没有钱难道就不谈恋爱吗？就没有真感情吗？

当然不是，你可以说钱和爱毫无关系。约会的时候吃米其林或者吃麻辣烫，快乐指数以及激素的量都很高。但我仍然觉得，哪怕是在跟钱最没关系的爱里，有钱也是好的。

没有经济基础的热水是凉得很快的，不爱你却愿意为你花钱的傻瓜是不存在的。要知道，小孩子才做选择，成年人是“我全都要”。我宁愿你贪心一点，两者缺一不可。

而这，并不能影响你成为一个对赚钱绝不马虎的女孩，女孩子不自己试一试经济独立，就永远不明白经济独立有多爽。赚不到高级原料烘焙的面包，那普通一点的塑料包装面包也是一样香的。

还记得那部《了不起的麦瑟尔夫人》吗？

以20世纪50年代的美国为背景，讲述这个让人看着就心情很好的精致的话痨小姐姐米琪，从来不想让自己的人生出现任何的失误。不过很可惜，她人生中的第一个大失误，是婚姻。眼看着自己规划好的人生就这样轰然倒塌，她没有被击垮。被甩后，米琪在机缘巧合下走上脱口秀表演之路，展现了她逐渐获得精神独立、找回自我，并杀出一条血路的过程。

这部剧引发出一个古老而现实的命题：如果一个女人完全依靠另一半而生活，这段感情究竟能够走多远？

你懒得去自力更生，懒得去自尊自爱，于是干脆一歪，全凭运气靠到谁算谁。生活多残酷，你怎么可能永远躲在另一个人的羽翼下，只索要宠爱呢？

退一万步讲，就算你有灰姑娘的美貌，去参加王子的晚宴，总要有钱先给自己买一双水晶鞋吧，毕竟灰姑娘的水晶鞋可不是王子给准备的。

我在每一本书中，都不厌其烦地说“女孩子不要等着被男孩子养”，其实并不是被养这件事好不好的问题，也不是别人如何看待你的事，而是“等待被赠予”的心态会耽搁女孩子的人生。

现实生活中的我是个非常容易丧的人，我不可能持续保持元气满满的状态，时常会有坚持不下去的时候。一个包，一条裙子，一支书写流畅的钢笔，甚至是一套做工精良的梳妆台，都能让我觉得哪怕灵感跑光光、编辑在催稿、周末要加班，我也有一点点能够抓住的奔头和希望。

当我的经济状况能满足我自己，我在下单宝格丽手链的时候，根本不会有被对方认为是“作”“拜金”的担忧，更不必在收到他送来五位数礼物的时候，表现出诚惶诚恐，每天想这“人情”该怎么还。

我们生活在一个现实的世界里，而这个世界最现实的一条法则就是，没有一样东西不需要你付出代价。未来难有坦途，依靠自己的能力得到该得到的，总是会让人挺起腰板走得潇洒一点。

反正我心目中的理想状态，就是我和我的男朋友都拥有赚钱的能力。我们不纠结这顿饭是谁付账，不较真这个月谁花销更多，心平气和地过想买什么买什么的生活。

想想就觉得太好了，不是吗？

有些“天生好命”的东西
或许我们永远也不会有，
然而正是在这些“得不到”
和努力“有所得”之间，
我们确立了自己在这个世界上的位置。

心不怕苦难，它怕委屈

一个人所有的懦弱和胆怯都是在惩罚自己，所有的鸡汤、鸡血、大道理，归根到底不如大声拒绝。

我也曾经是个“脾气特别好”的人，用“好”形容并不准确，准确来说应该是“怂”。迈出一步前先脑补种种的可能，猜测别人会如何看待我，会不会损害我在别人心目中的人设，等等，活得没劲且怂。旁观好心者或许会夸一句恬淡如水、与世无争，而我自己却心知肚明，像是一只小白兔似的战战兢兢、如履薄冰的我，过得一点都不开心。

我从未刻意学习过如何变得强硬，不过是在成长中栽进一个又一个坑之后，才明白，人要学会保护自己。这保护有时是默默无声的，为自己积攒能量，但有时它必须靠吼。

我不是说要鼓励大家去吵架，去做骂街的“泼妇”，我只是通过自己身上的经历去思考，我觉得我们可以善良和适度宽容，但不要当软柿子，遇到不合理的对待就要为自己的权益据理力争。

别轻易辜负自己，你要勇敢为自己发声，说“不”，说“我需要”，说“我不愿意”。

没有人愿意耗费精力去做凶巴巴的人，只是很多时候，我们乖巧温柔得体地去表达诉求，未必可以得到真诚的回应，事情也未必能很快地解决。

这个时候，姿态稍微强硬一点，虽然是无奈之举，不过往往能解决问题。我只是不想，当你面对生活的坚硬时，过于在意面子和胆怯，从而让自己委曲求全。

这世上从不缺善良，缺的是原则。如果你总是被欺负，那么你该反思自己，是不是一个“被动内疚”的“老好人”。

心理学家霍夫曼解释过何为正常的“内疚”：当一个人主动伤害了他人，或违反了道德准则，而产生良心上的反省，并且希望对行为负有责任的心态，这是内疚，是正常的。

不正常的是，对于老好人来说，他们往往过于关注他人的感受。对他们来说，“拒绝帮助别人”就和伤害他人没有区别，从而引发强烈的内疚。将别人的情绪、感受放在第一位，任凭自己平白遭罪。

不给别人提供帮助，就要背负恶人的名声吗？

请你记住，人善被人欺。如果收起你身上所有的刺，你只会被人戳扁捏圆，被踢得老远。展示你的原则与力量，别人都会知道你不好惹，反而对你肃然起敬。

没有人会真的喜欢“中央空调”。真正有吸引力的人，都是拥有坚定态度的人。我们都只会因为能力而得到工作，只会因为专一而得到爱情，也只会因为交付真心而得到友情。这宝贵的一切，都不是用怯懦的善良获得的。

实际上，没有人会因为你的硬撑而理解你。那些不珍惜你时间成本的人，为什么要一再迁就他们?

真正的善良不是无知地一味付出，对别人善良之前，要先对自己善良。要有自己的原则和底线，一旦事情超越自己心中定好的那条线便及时地克制，过度的善良只会害人害己。

有些人不敢拒绝他人，而有些人却不会拒绝他人。拒绝他人需要一定的技巧，有时需要简单直接的方式让对方死心，而有时也需要采用婉转的方法使对方好接受一些。

拒绝虽然会让人失望，婉转却可以将失望降到最低的限度。它既没有让他人觉得很不舒服，也能够让对方理解你拒绝的原因。在你确实不便帮忙时，直接拒绝是最有效、最正确的方式。

当我们刚硬地对待这个世界时，这个世界突然变得温文尔雅了。你坚硬无比，立场鲜明，世界反而会对你温柔以待。

他人对你的尊重，从来不是因为你的顺从。真正爱你的人不会因为你的直率而疏远你，不怀好意的人却可能利用你的善良伤害你。

当你有原则、有底线、有立场、有主见的时候，他们反而会尊重你、迁就你。

人啊，还是要能糙能细。脾气这东西多不得，一点没有也是万万不可的。该得体的时候必须得体，该理直气壮维护自己的时候，半点都不要怯懦。

因为心不怕苦难，它怕委屈。

是不是只有情绪稳定，才是一个合格的大人？

特特的答案

随着发疯文学越来越流行，
或许大家已经意识到，比起情绪稳定，
更重要的是看见自己的情绪，并感知情绪，
知道它是愤怒、悲伤或者其他任何一种情绪，
告诉它：我知道你在那里，我与你同在。

被压抑的情绪是不会消失的，
它只是暂时被掩盖了起来，
将来的某个时刻，会以更汹涌的方式袭来。

每一种情绪都是合理存在，都是重要的。
接受情绪是流动的，
接受每个状态下的自己，
才不会生病，才是情绪自由。

请在右页写下你的答案

真正的独立不是故作高冷，

让人难以接近，

而是人格的完善，

是既有赚钱的能力，

也能安心享受被照顾的感觉。

你一路上摸爬滚打，

是为了得到成长和爱，

你变得那么独立，

可不是为了没人疼。

性格敏感

过于敏感的人仿佛全身都是引爆点，不知道扯到哪一根线就炸了。不光在爱情上吃亏，工作上、生活中，也会受到影响。

我本身也是性格敏感的人，但也正是敏感，让我感知了更多生活的细节，帮我更好地体验情绪，与别人更好地沟通。每当我遇到让我没有安全感的事，在每一个伤感和担心搞砸的瞬间，我就会这样告诉自己："没关系，就当是积累写作素材了。"

事实证明，每一次心情跌落到谷底的时候，我都会用文字一点点记录下自己每一秒的感知，回头看，很多我喜欢的、会反复读的文字，都是一次又一次细小的心碎换来的。

这个过程并不愉快，更不舒服，但我必须承认，这是性格敏感带给我的独特的财富。

性格上的事，没办法说它是对是错。不是所有敏感脆弱的人都可以做到，但心碎的确是一种独特的力量。可能敏感脆弱的人才会明白，眼泪也是一种意义。

我一直相信，老天给了我们敏感这份独特的天赋，一定是希望我们懂得一些道理。

多关注自己，少在意别人。人性最特别的一个弱点就是，在意别人如何看待自己。当你敏感、脆弱、无助的时候，你就会选择以更加低姿态的方式去委曲求全，去留住可能会离开你的人，也会更在意别人对你的看法。然而你回头想想，你放低身段后，真的留下过想要的吗？

别人随便说的一句话，你能当真好久。这样的人，最大的问题就是花在自己身上的时间太少，花在别人身上的精力太多。而且，其中很大一部分人，并不是你努力讨好就会领你的情，通常只会让你更加失落，甚至后悔不已。

其他人的看法和意见，大多是无用的、无意义的，别把用来提升自己的时间，浪费在不重要的人和事上。多关注自己，多爱值得的人，少和无足轻重的人纠缠，生活才能好起来。

你喜欢的人说话的声音稍微大一点，你就感到不舒服，内心戏就开始上演了，他是不是不爱你了，是不是你哪里做得不对……其实，每个人都有控制不好自己语气和态度的时候，他可能只是心情不好，只是压力太大。

想太多，心情会生病，你的心态控制不好，对方也会感受到无形的压力，他也会变得不快乐，他不能总是来帮你处理坏情绪，很多事情，需要你自己去解决。你的极度敏感和患得患失，只会让两个人的关系更糟糕。

一个人在意的事情太多、知道的事情太多、体会到的事情太多是会很累的。不要把太多的想法、太多的事情放进脑子里，糅进情绪里。

你只有一张来人间的体验卡，别浪费在没意义的事上。我们需要学会的，不是如何避免性格敏感带来的伤心，而是如何在失落中找到意义，并且把消极转到积极的那一面。

哭的时候，

大脑会分泌内啡肽以减少你的痛苦。

这就相当于你的大脑，

轻轻地拍着你的背说：“没事没事，一切都会好起来的。”

岁月残酷不饶人，

但愿你也不曾饶过岁月。

迷宫

今天还好吗？有被情绪左右吗？

走出这个迷宫，忘掉今天的不快乐吧！

迷宫的 N 种解法

永远把自我感受前置，不受任何新旧规则的定义，

热衷体验，保持奇怪，爱谁谁，管他呢！

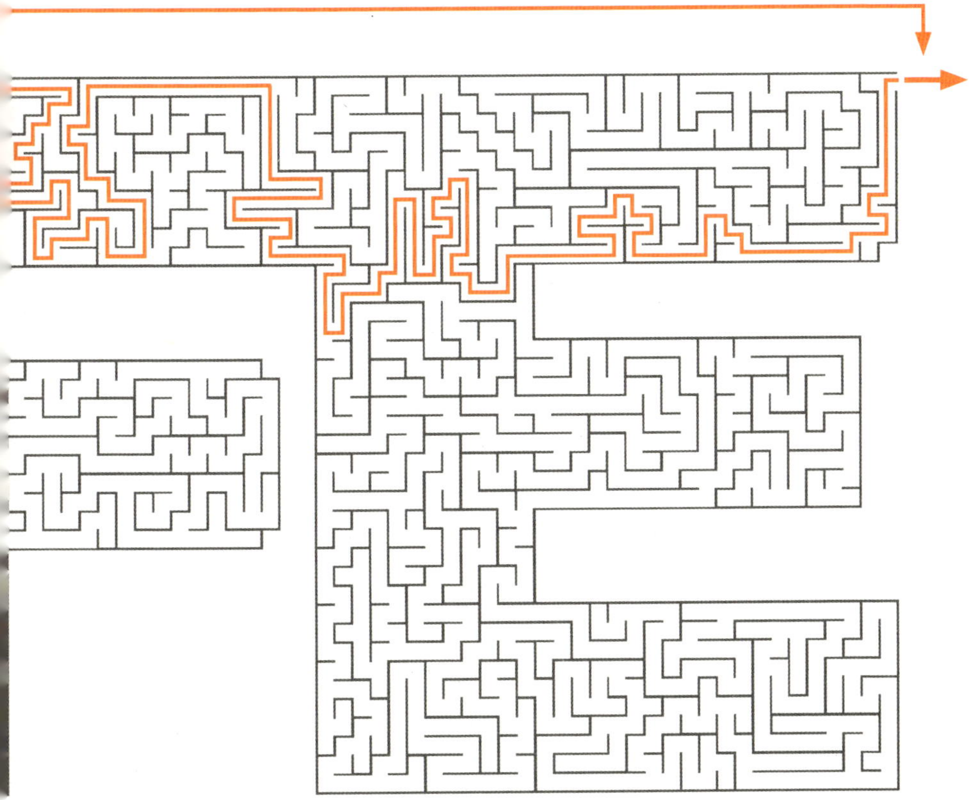

多出去走走

如果有一天，让你心动的再也感动不了你，让你愤怒的再也激怒不了你，让你悲伤的再也不能让你流泪，你便会知道时光给了你什么，也会明白你为生活付出了什么。

在这样的时刻，出去走走吧。这样，在我们垂暮之年，才不会觉得生活的记忆如此贫瘠。当有一天回想起那一路的游历奔波，能让你想起的不会是旅行的孤单和漫长，而是波澜壮阔的海水和天空中闪耀的星光。

曾读过这样一段话：所谓活着，就是大花长裙，是大博物馆，是游吟诗人，是天涯浪子，是街头作曲家，是榴梿的香味，是虔诚的祷告，是绚烂五彩的夜幕，是明媚的日光浴……

所谓活着，就是遇见一切回忆起来美好的人和事。

虽然有人说，旅行就是从我们活腻的地方，到别人活腻的地方转转，那又怎样？

千里迢迢从一个熟悉的人山里挤到另一个陌生的人海中，我们会惊喜地发现原来冬天来了不是所有的树都会凋零，原来咸豆腐脑和甜豆腐脑一样爽口开胃。我们会满心欢喜地猜想，地铁里那个一路微笑看着手机的男人，他是不是正在和新婚的妻子实时播报归家剩余的路程。

去了很多地方，发现这个世界充满着你不能理解的人和事，但又充满着不可思议的善意和美好。无须刻意去讨好谁，你会真心觉得每个人都不容易。

你瞧，我们一路追逐的，原来只不过就是这世界上最美丽的风景，内心最平和充盈的状态，以及那些人性当中最闪光的美好品质。

那些经常出去瞧瞧的人，可能下午还在北京三里屯一家书店当文艺青年，晚上就在飞往伦敦的飞机上；可能刚在苏州的某座石桥上发了一句“庄生晓梦迷蝴蝶”，转眼便在兰州捧着碗拉面。

他们自然地在人群中散发不一样的气质，温和却有力量，谦卑却有内涵。会讲究，能将就。能享受最好的，也能承受最坏的。品得了红酒西餐，尝得了路边麻辣烫，住得了超五星酒店，也睡得了帐篷睡袋。能穿着高跟鞋优雅地穿行于都市，也能背着几公斤的相机漫步世界。看透了世界的糟糕后，依然憧憬美好。

一个人的行走范围，就是他的世界。我始终相信这句话。

所以，任何人都不能定义你是谁，你的气质里藏着你读过的书和你走过的路。到过那么多城市，遇到过那么多人，贫瘠的内心世界逐渐变得丰富起来，言谈举止散发出迷人的气质。你的底气来自你对自己和这个世界的热爱。

当你快乐，允许他人悲伤。
当你悲伤，允许他人快乐。
不以自身处境，
规范另一种心声。

一个有点土的祝福

如果只能选一个祝福送给你，我希望你拥有属于自己的房子。

我曾经也是“城市游牧民族”的一员。

两年搬了 4 次家，每一次搬家，都是对体力、智力和内心承受力的暴击。

比如打包时的无助，打完包发现还有一个抽屉的东西忘记收；举着箱子爬楼时觉得自己宛若超人，箱子突然破掉，东西撒了一地，立即觉得“我不如死了算了”；两个书包，一个朝前背，一个冲后背。左、右手各一个大行李箱，右边行李箱的轱辘还有一个转不利索。还有，被租房小广告骗，被中介坑，被房东黑……

我是那种后知后觉的女孩，那时候我对生活和未来可以说是没企图心。虽然每次搬家都是合租，要和人共享天花板，但也算有个家了。

租房期间，我还在宜家买了一盏很好看的布艺落地灯，在淘宝淘来凡·高的《星夜》的仿制品。

我第一次对房子感到不安，就是合租的姐姐准备搬走结婚了。房东说给我两个选择，要么我也打包搬走，要么我就租下整套房子，至于我会不会转租另一间房，他不干涉。

我看了看银行卡上的余额，决定另找房子。

我以前从没想过我会因为房子而没有安全感。

不知道是否有很多人会和我有一样的感受：年轻时愤世嫉俗，对金钱嗤之以鼻，但到一定的年纪，遇到一些事后，就真的会因为没有房子而感到恐慌。

那时候我开始明白，买房和高考一样，是我人生路上不得不面对的事。想跑？没门！

2016年的元旦，我结束了多年的租房生涯，搬进了真正属于我的房子。

没有亲人朋友来热闹的场面，只有我端着一口新锅，旁边跟着卡卡。听说在锅里放上大米和橘子更吉利，我又跑下楼买了7个橘子放在里面。我在沙发上躺了许久，环顾这个还有很多东西需要添置的家。我心里像是有什么东西，突然就落了地。感觉整个人变得踏实，不慌，不怂，不打怵。

伍尔夫曾经说过：女人的独立是从拥有自己的房间开始的。

很多人并不是不知道一套属于自己的房子有多重要，但就是下不了决心。全款买？感觉自己被掏空。贷款买？背了债，还房贷，生活质量必然无法保证。

我也有过这段心理斗争，攒钱太辛苦，平时要花钱的地方那么多，放弃哪个都有点不舒服。但我还是想说，当你拥有自己的房子，不管这一天多疲惫，即便是遇到暴躁的老板、甩锅的同事、无礼的卖菜阿姨，你站在楼下，看到那么多的窗口里映出的灯光，你知道其中有一盏是属于自己的，爸妈就在那里，你养的猫猫狗狗就在那里，你的恋人就在那里，厨房里的煲锅“咕嘟咕嘟”地响着，排骨汤的香气即使关上门也藏不住。咔嗒一声推开门，就有人笑着对你说：“回来啦，洗手吃饭。”一想到这些，你就会忘掉恶意，原谅这世界的不美好，心里就会格外踏实。

买房后，女性不必为了找个栖息之所而结婚，不必忌惮没有容身之处而委身于痛苦的婚姻。或许有天爱会走，人会散，但是房子，风雨不动，永远在那里等你。

后来有人问我：“你有没有觉得买房是一件很酷、很了不起的事情呢？”

“并没有，我只是不必在去卫生间的时候，担心里面有人；不必在夏天因为穿睡衣在客厅走动而觉得难为情；不必顾虑打扰到别人而整日把狗狗关在一个房间里。我更自由了。”

“那你买房的勇气是从哪儿来的？”

“买房需要勇气吗？买房需要的是钱。”

买房不一定是所有人的必修课，若有能力，就为自己添置一个家。它能带给你的，远比你想象的更多。若还未能得偿所愿，那就加把劲去获得有一天可以达到目标的能力。

不管是赚钱还是买房，最终我们想要的，都是好好生活。人生大事，人间冷暖，大多都跟房子有关。你现在可以没有属于自己的房，但你不能没有买房的意识。

至于为什么把这篇放在最后，因为这个祝福，确实又土又老气，却又不得不说。

做一个很棒的人

写下自己的优点

1. ______________________________

2. ______________________________

3. ______________________________

4. ______________________________

5. ______________________________

6. ______________________________

7. ______________________________

8. ______________________________

9. ______________________________

坚持了三年以上的好习惯

1. ____________________

2. ____________________

3. ____________________

4. ____________________

5. ____________________

6. ____________________

7. ____________________

8. ____________________

9. ____________________

21 条闪着光的读者留言

姐姐，读完你的书，我有了新的梦想。等我大学毕业，我要努力考到出版社当你的编辑。

@ 请叫我昶

我并不爱阅读，甚至还有一点阅读障碍。但很神奇的是，我能够静下心去读特特的书，能让我从浮躁变得安静。她的文字像是有魔力一般，让我感同身受，她所描绘的画面就像发生在我眼前。看《你并非一无所有》中收到前任结婚请柬的豆豆，看《这世界很好，但你也不差》中的《我挺喜欢你的，但这事过去了》，我竟然看哭了，哭得稀里哗啦，文字可以击中心脏，我真忍不住。

So，我很喜欢万特特，她很可爱，文字也超治愈的，在我迷茫的时候给我带来了光。感谢遇见，未来还要相互陪伴一年又一年。

@ 雪梨

种自己的花，爱自己的宇宙，在鸡零狗碎里找到闪亮亮的快乐。

@ 没 Guan.系

小万小万，万事胜意。

@ 建的烦心事

2023 年新年假期读完的第一本书，是你的《这世界很好，但你也不差》。读起来很亲切，像是一位认识很久的朋友与我娓娓道来。谢谢你的文字，让我由内滋长着力量。祝好，新年快乐！

@AriesBeller

看完你的书，感觉被治愈的同时，又有了新的生活动力，下个目标就是一定要拥有一个属于自己的房子。

@ 迦蓝 Bunny

谢谢你的陪伴，你的书就像某时某刻陪在身侧的好友一样。被治愈、被疏导，也被拯救，在自己每个不开心的时刻。我想，就如同姐姐的文字所描写的一般，我们在自己的生活中，无比真实也无比幸福地一直向阳而生着。我学会了接纳包容自己，不再羞耻地认为做自己是一件自私的事情。

@毕夕_et

“这世界上的女孩子，无所谓美丑，皆是花朵。”这句话治好了我的容貌焦虑。

@有趣能当饭吃

读书这件事，让人不卑不亢，让人心有底气。也许什么都没记住，像竹篮打水，但是竹篮会越来越干净，分得清对错，讲得了原则。文学是另一种慈善，才华是值得被羡慕的天赋。加油。

@高羽

我之前一直都很焦虑，会买一些心理书籍来看，发现自己看着看着就会很投入，然后把问题带入自己身上，就更焦虑了。后来买了一本你的书来看，觉得好温暖。其实不管什么作品，只要呈现在大众面前的作品就会被评头论足。有看到姐姐回怼黑粉的微博，哈哈，姐姐真勇敢。希望你以后能继续做自己，出版更多的作品。

@欵良

谢谢你的文字，让我找到原本的自己。

@古月

从《你的美貌不敌你的热闹》到《所谓命运，大多是我们自己的选择》，再到《这世界很好，但你也不差》和《你并非一无所有》的这些年，我也从毕业求职到工作恋爱。虽然我没有见过你，但你写的每一个字都曾陪伴我。今天我订婚啦，就想来跟你分享这份喜悦，希望特特也快点找到对的人。

@小谭同学

2022年1月23日，凌晨1点……说来不怕笑话，人生第一次自主地完完整整地看完一本书《这世界很好，但你也不差》，这种感觉就像第一次爬上泰山，从此我也是爬过泰山的人了！

@万丫丫77

谢谢特特姐给我带来的力量，每次阅读你的书都深有感触，读着读着会把自己带入进去，最后得到释怀。条条大路通罗马，路都是一步一步走出来的，不管我们目前怎么样，不管未来有多少的未知，我会和特特姐一起勇往直前哒，特特姐加油！

@请叫我昶

虽然每个人的生活都是一地鸡毛碎片，但还是希望幸运之神眷顾特特，能让特特优雅地舞着小裙子走出来。

@小仝axy

《这世界很好，但你也不差》是姥爷送给我的生日礼物，喜欢这本书，更喜欢温柔有力量的作者，加油！

@苏叫瘦

通过《这世界很好，但你也不差》认识你的文字，很喜欢，从开始到结尾都在被治愈中，也因此把卸载了很久的微博重新登录，关注你这可可爱爱又有趣的女孩，也许你不会看到这条留言，但不影响想支持的心。一位1987年出生的姐姐留。

@木兰清竹

第一次看姐姐的书应该是四年前，那个时候我才高三，很单纯，心智也不成熟。姐姐的书对我价值观的建立有很大的帮助，也让我懂得了自尊自爱。大概是去年，又买了三本，看书的心境从以前的懵懂无知变成了赞同和理解，或许这就是成长的魅力吧！

@唐唐Kkk

特特，我也是从《这世界很好，但你也不差》这本书认识你的。我很幸运读到这本书，在读的过程中有太多的感同身受，真真切切地触动了内心。有的时候觉得活着真挺累的，这个社会太多的观点，太多的声音，熙熙攘攘，很吵闹，偶尔也会迷失自己。虽然会经常地反省和思考，但是确实会消耗掉部分精力，这个过程痛苦而快乐。物欲横流、名誉至上的社会，已经让太多人麻木不仁，可我并不想让自己犹如行尸走肉。26 岁的我，平凡的我，也有梦想。某些瞬间，看到周围同龄人早已有所作为，工作稳定，五险一金，有房有车，内心也曾极度焦虑，甚至是绝望。于是，用了好大好大的力气平复心情，开导自己，放平心态，走自己的路，将重心放在自己身上。真的蛮多话想和你说，特特，谢谢你，这是我最想说的一句话，希望你一直做自己，是我最想说的第二句话。怎么形容你的存在呢，于我而言，像是散发柔和气息的明月。

@ 想要变辣妹的甜妹

哈喽呀，特特姐姐。我算是你的新读者吧，刷视频刷到了这本书，被书的名字和图画吸引了。我是高一生，带着姐姐的书进入了高中。午休的时候我就会看姐姐的书。我以前看书，无论什么样的书都是三分钟热度，看几页就不看了，但特特姐姐的书，我认认真真地看完咯！真的治愈了我好多好多。再后来进了读者群，经常和群里姐妹聊天，这让在现实生活中没有很多朋友的我，真的很开心。会一直支持特特姐姐哒，等过几年我考上自己理想的大学，给你报喜！嘻嘻嘻，等我有经济能力就去见你！爱你姐姐！

@ 特特 di 大晴

万万，祝我高考顺利吧！晚安！

@ 用户 0014

图书在版编目（CIP）数据

治愈之书 / 万特特著. -- 北京：中国妇女出版社，2024.12

ISBN 978-7-5127-2362-7

Ⅰ. ①治… Ⅱ. ①万… Ⅲ. ①心理学－通俗读物 Ⅳ. ①B84-49

中国国家版本馆CIP数据核字（2024）003408号

选题策划：悦风文化
责任编辑：门　莹　王琇瑾　郭丽丽
装帧设计：丁小丁
插　　画：阿屿Isle
责任印制：李志国

出版发行：中国妇女出版社
地　　址：北京市东城区史家胡同甲24号　　邮政编码：100010
电　　话：（010）65133160（发行部）　　65133161（邮购）
网　　址：www.womenbooks.cn
邮　　箱：zgfncbs@womenbooks.cn
法律顾问：北京市道可特律师事务所
经　　销：各地新华书店
印　　刷：吉林省吉广国际广告股份有限公司

开　　本：145mm×210mm　1/32
印　　张：9
字　　数：205千字
版　　次：2024年12月第1版　　2024年12月第1次印刷
定　　价：68.00元